实用家庭养花入门

■ 主编　周俊国

河南科学技术出版社
· 郑州 ·

图书在版编目(CIP)数据

实用家庭养花入门/周俊国主编. —郑州：河南科学技术出版社，2012.7
ISBN 978-7-5349-5293-7

Ⅰ.①实…　Ⅱ.①周…　Ⅲ.①花卉—观赏园艺　Ⅳ.①S68

中国版本图书馆CIP数据核字（2011）第165882号

出版发行：河南科学技术出版社
地址：郑州市经五路66号　邮编：450002
电话：（0371）65737028　65788631
网址：www.hnstp.cn
策划编辑：杨秀芳
责任编辑：杨秀芳
责任校对：王晓红
封面设计：张　伟
版式设计：苏　杭
责任印制：朱　飞
印　　刷：河南省瑞光印务股份有限公司
经　　销：全国新华书店
幅面尺寸：170 mm × 240 mm　印张：15.75　字数：264千字
版　　次：2012年7月第1版　2012年7月第1次印刷
定　　价：42.00元

本书编写人员

主　　编　周俊国

副 主 编　郝峰鸽　尤　扬

编　　者　（按姓氏笔画排序）

尤　扬　刘本彩　周俊国　郑树景

郝峰鸽　扈惠灵

前言

家是幸福的港湾，家是避风遮雨的码头……身处繁华喧嚣的都市，你是否希望给家增添一丝新鲜的气息？每天忙碌于水泥围墙内的你，是否希望周身萦绕美丽的花草？就让我们这份向往变成现实吧！亲自动手，在庭院、在案边、在床头、在你心情触及的每个角落，种下株株绿色的生命，不必名贵，不必奢华，却尽情彰显生命的风姿、生命的色彩、生命的芬芳，让眼睛拥有惬意的美丽，让心情独享绿色的温馨和浪漫。

为了普及养花的科学知识，满足家庭养花和室内装饰的需要，编写人员结合多年的教学、生产实践经验，并参考其他著作中的精华编写了本书。全书图文并茂，以入门级的视野介绍养花知识，分为基础知识和家庭养花的主要种类两部分：在基础知识部分，全面介绍了养花的科学道理和技艺，使读者掌握基本的养花知识；在家庭养花的主要种类部分，介绍了5大类109种常见的花卉，就其形态特征、生态习性与管理要点、繁殖方法、家庭的观赏作了简明通俗的介绍。在书末附录中，以表格形式给出了上述109种花卉的主要病虫害症状及防治方法，便于读者查询。

书中错漏之处，敬请读者指正。

编者

2012.3

目 录

上篇

基础知识

一 家庭养花的作用

家庭养花可以装饰居室，从科学上讲可以净化空气、美化环境，使人健康生活；从精神层面上讲，花卉可装点空间，充满生机，舒缓人们紧张的情绪。

（一）美化环境

花卉种类繁多，形态万千，色泽绚丽，是家庭环境美化不可缺少的物品。居室中一盆草花、绿色植物或者一件插花作品，无不体现出美与和谐。由花卉装饰的居室，在空间内容及形象上都更具有吸引力。

花卉本身具有丰富的形态和鲜艳的色彩，居室放置一盆草花，人们可以观其叶、赏其花、嗅其香，陶醉其中，为生活增加了美；而花卉也常成为居室中的重要点缀物，是居室空间的焦点。

花卉作为一种可移动的围合空间的元素，广泛应用于限定室内空间及填充空间，提供过渡、联络、隔断、渗透、转换空间的手法，可以使空间形成大和小、封闭与开敞的对比变化，为不同功能的空间提供分隔条件。另外，也可使室内一些既不能被充分利用又不美观的“消极”空间富有变化。

（二）净化空气

工业的快速发展除给人们带来便利的生活外，也制造了大量的灰尘、废气、废水、噪声等，严重污染了环境，也威胁着人们的身体健康。现代居室的很多建筑材料和装饰材料所含成分是对人体有害的，悄悄地污染着人们的生活居室，常见的室内环境化学污染物有甲醛、苯、甲苯、氯气、一氧化碳、二氧化硫等。经常呆在这些有污染的环境里，会引起头痛、头晕、乏力、记忆力减退等现象，严重的甚至会致癌。许多植物可以吸收、转化或减轻这种污染，净化空气。据美国科学家威廉·沃维尔的研究发现：在24小时照明条件下，芦荟可去除1立方米空气中90%的甲醛，常春藤可吸收90%的苯，吊兰能吸收、转化96%的一氧化碳、86%的甲醛。

植物还可以增加室内负离子浓度，富含负离子的环境会使人觉得清新愉悦。据测定，在一间屋内摆放20株植物可使负离子数目增加4~5倍。有些花卉如兰花、天竺葵、花叶芋等，还可以分泌植物杀菌素，使有害细菌死亡。

（三）有利健康

很多花卉具有药用价值或者含有丰富的维生素，人们食用这些花卉对身体有益。花卉做的佳肴，如梅粥、肉汁烩牡丹花、莲粥、黄菊花饭、桂花羹等，因其营养丰富、清香四溢、色彩雅丽而受到人们的喜爱。另外，有些香花植物散发的气味有助于健康，如桔花的香味有助于治疗头痛、感冒，玫瑰花香有助于治疗咽喉痛和扁桃体发炎，桂花花香能消除疲劳，菊花、丁香花香有助于治疗牙痛等。

从事栽花种草等家庭园艺活动在某种程度上是一种体育活动，劳动量轻，有动有静，尤其适合老年人。在花丛中一边闻着花香，一边松土、浇水、换盆等，既调节了情绪，又增加了身体肌肉和骨骼的活动量。国外专家对千名中老年女性做了调查，发现每周做2.5小时园艺工作的女性，身体充满活力，不易发胖，体质更为健康。

（四）增进感情

花卉能使人赏心悦目，陶冶人的情操、净化人的心灵。现代社会人们的生活节奏较快，如常有绿色植物相伴，可消除不安的心理与急躁的情绪，使人心态平和下来。

青少年通过栽花种草，可养成热爱劳动的习惯，还可培养耐心、细心和爱心；植物的生长过程还使孩子体会到一种可贵的生命体验；老年人种植花卉，使晚年有事可做，从一花一草中获得无穷乐趣，可以使“空巢”老人忘记孤独和寂寞。

二 花卉的分类

花卉种类繁多、生长范围广泛，为了便于栽培、繁殖和利用，人们对花卉进行分类，根据栽培、观赏应用等方面的需要，一般可以分为以下几类：

（一）按生态习性分类

1. 草本花卉

（1）一年生花卉 这类花卉茎干草质柔软，没有明显的木质化，春季播种，夏、秋季开花，入冬枯死。如凤仙花、百日草、半支莲、地肤、茑萝、牵牛等。

（2）二年生花卉 为秋季播种，当年只进行营养生长，翌年开花、结实的种类。耐寒性较强，可在露地越冬。如三色堇、虞美人、羽衣甘蓝、雏菊、金鱼草等。

（3）宿根花卉 为多年生草本花卉，一般耐寒性较强，冬季可在露地越冬。又可分为两类：一类是以宿根越冬，而地上部分茎、叶每年冬季全部枯死，翌年春季又从根部萌发出新的茎、叶，生长开花，如菊花、芍药、萱草等。另一类是全年地上部分保持常绿，在北方寒冷地区只能在室内越冬，如万年青、吉祥草、一叶兰等。

（4）球根花卉 为多年生草本植物，地下的根、茎中的一部分发生变态，通常肥大成为贮藏养分的器官。按其地下茎或根的形态结构，又可分为五大类：

①鳞茎类。地下茎呈鱼鳞片状。外被纸质外皮的叫有皮鳞茎，如水仙、郁金香、朱顶红；鳞片外面没有外皮包被的叫无皮鳞茎，如百合。

②球茎类。地下茎呈球形或扁球形，外面有革质外皮，在球茎顶端着生主芽和侧芽，如唐菖蒲、小苍兰等。

③根茎类。地下茎肥大呈根状，上面有明显的节与节间，在每一节上着生侧芽，如美人蕉、荷花、睡莲、鸢尾等。

④块茎类。地下茎呈不规则的块状或条状，在顶端通常有几个发芽点，如马蹄莲、仙客来、大岩桐、彩叶芋等。

⑤块根类。地下主根肥大呈块状，块根顶端有发芽点，根系从块根的末端生出，如大丽菊、花毛茛等。

（5）多年生常绿草本花卉 无明显休眠期，地下为须根，如文竹、吊兰、万年青、君子兰。

（6）水生花卉 要求生长在水中或沼泽地上，多数为多年生植物，如荷花、睡莲、凤眼莲、石菖蒲、王莲等。

（7）蕨类植物 为多年生草本，多为常绿，不开花、不结种子，依靠孢子繁殖，主要观叶，如铁线蕨、鹿角蕨、巢蕨等。

（8）仙人掌与多浆植物 这类花卉多原产于热带沙漠地区，茎变为掌状、片状、球状或多棱形柱状，叶变态为针刺状，茎肉多汁，并能贮存大量的水分，以适应干旱环境。可分为两类：

①仙人掌类。如仙人掌科的仙人掌、仙人球等。

②多浆植物。分属于十几个科，如番杏科、龙舌兰科、凤梨科、景天科、菊科、大戟科等。

2. 木本花卉 这类植物茎干为木质，坚硬。根据其树干高低、树冠大小和秋冬季节是否落叶，可分为以下几类：

（1）落叶木本花卉

①落叶灌木类。如月季、牡丹、迎春、贴梗海棠、玫瑰等。

②落叶乔木类。如梅花、碧桃、海棠、樱花、石榴等。

③落叶藤本类。如紫藤、凌霄、爬墙虎等。

（2）常绿木本花卉

①常绿灌木类。如杜鹃、米兰、含笑、叶子花等。

②常绿乔木类。如桂花、山茶、广玉兰、橡皮树、棕榈等。

③常绿藤本类。如常春藤、络石等。

（二）按观赏器官分类

1. 观花类 以观赏植物的花色、花形、花香为主，如牡丹、山茶、月季、菊花、大丽菊、茉莉、香石竹、唐菖蒲及一二年生的草本花卉。

2. 观叶类 以观赏植物的叶色、叶形为主。该类花卉观赏期长，生长良好，耐阴，如棕竹、蒲葵、一叶兰、文竹、肾蕨、万年青、彩叶草、橡皮树、龟背竹、朱蕉、五针松等。

3. 观果类 以观赏植物的果实为主，果实色彩鲜艳、坐果时间长，如南天竹、佛手、火棘、金橘、代代、冬珊瑚、无花果、石榴等。

4. 观茎类 以观赏植物的枝茎为主，如佛肚竹、紫竹、竹节蓼、光棍树等。

5. 观芽类 主要观赏植物的芽。常见的为银芽柳，由于有肥大银色的花芽，故取其供作观赏用。

6. 其他 观赏植物的苞片如叶子花、一品红；观赏佛焰苞的，有马蹄莲、白鹤芋等；海葱则观赏其鳞茎。

（三）按栽培方式分类

1. 露地栽培花卉 在自然条件下全在露地栽培，多半是一些气候适应范围较广的花卉，如金盏菊、一串红、大丽菊、蜀葵等。

2. 温室栽培花卉 均为不耐寒的喜温花卉，原产于热带、亚热带及暖温带南部，因而在温带、寒带不能露地越冬，必须有温室设备才能栽培。但不同种类要求的温室温度也是不同的，按对温度的要求又可分为以下几类：

（1）高温温室花卉 要求夜间温度在15℃以上，白天25~35℃，如热带兰、变叶木、一品红。

（2）中温温室花卉 要求夜间温度在8~10℃或以上，白天15~20℃，如白兰花、龟背竹、大岩桐、倒挂金钟、二色茉莉等。

（3）低温温室花卉 要求夜间最低温度在5℃以上，白天10~15℃，如瓜叶菊、蒲包花、樱草类。

（4）冷室花卉 要求室内温度保持在0~5℃才适宜花卉的持久开放和观赏，如梅花、碧桃、盆栽蜡梅、盆栽月季等。

（四）按花卉对光照的要求分类

花卉的生长发育对光照有两方面的要求，即光照强度的强弱和光照时间的长短。

1. 按花卉对光照强度的要求分类

（1）阳性花卉 喜光不耐阴，在充足光照条件下才能生长良好。若光照不足，会造成枝叶徒长、组织柔软、叶色发黄变淡、植株生长不良，如桃、梅、月季、石榴、海棠、茉莉、米兰、菊花、扶桑、美人蕉、一品红以及大多数一二年生花卉。

（2）阴性花卉 适合在光照不足或散射光条件下生长。长期生长于庇荫条件下，在强光下会使叶片发黄、枯萎，如兰花、文竹、吊兰、龟背竹、旱伞草等。有些花卉要求遮阳度达80%，不能接受强烈光照，如蕨类及兰科植物，为强阴性花卉。

（3）中性花卉 指在光照比较充足或微阴的条件下均能生长良好的花卉，如桂花、蜡梅、樱花、鸢尾、南天竹、绣球花等。

2. 按花卉对光照时间长短的要求分类

（1）长日照花卉 指每天需12小时以上光照才能开花的花卉，一般为夏季开花的花卉，如茉莉、石榴、米兰、荷花、扶桑、凤仙花、晚香玉等。

（2）短日照花卉 指每天少于12小时日照才能开花的花卉，多为秋冬季开花的花卉，如菊花、一品红、蟹爪兰、一串红等。

（3）中日照花卉 这类花卉对日照时间的长短要求不严格，不论长日照和短日照条件，只要温度合适，一年四季均能开花，如月季、康乃馨、马蹄莲等。

（五）按开花季节分类

1. 春花类 春季开花，或最适宜在春季观赏的花卉，如金盏菊、三色堇、牡丹、碧桃、迎春、连翘等。

2. 夏花类 如茉莉、栀子、蜀葵、萱草、金光菊、金鸡菊等。

3. 秋花类 如菊花、桂花、孔雀草、翠菊、鸡冠花、千日红、百日草等。

4. 冬花类 如蜡梅、一品红、水仙等。

三 花卉生长发育对环境条件的需求

花卉的生长除受遗传基因控制外，还需求一定的环境条件，如温、光、水、气及土壤等气候条件和生长介质，这些因素是花卉生长发育的必要条件，这些条件通过花卉的生理生态活动对生长、发育及花期调控发挥作用。

（一）温度

1. 花卉对温度的要求

（1）生物的“三基点”温度 生物正常的生命活动一般是在相对狭窄的温度范围内进行，大致在零下几摄氏度到50℃之间。温度对生物的作用可分为最低温度、最适温度和最高温度，即生物的“三基点”温度。当环境温度低于最低温度或高于最高温度，生物将受到严重危害，甚至死亡。不同生物的“三基点”温度是不一样的，即使是同一生物不同的发育阶段所能忍受的温度范围也有很大差异。

（2）不同原产地的气候条件不同，生长发育对温度的要求不同 原产热带的花卉生长的基点温度较高，一般在18℃开始生长。如王莲的种子，需在30~35℃的水温下才能发芽生长。原产亚热带的花卉生长的基点温度居中，一般在15~16℃开始生长。原产温带的花卉生长基点温度较低，一般10℃开始生长。如芍药在北京的冬季－10℃下，地下部分可以越冬，翌年春季在气温10℃时才能萌发。

（3）不同种类的花卉耐寒性不同 依据花卉耐寒性的大小，可将花卉分成耐寒性花卉、半耐寒性花卉和不耐寒性花卉。耐寒性花卉原产于温带及寒带，在我国寒冷地区能露地越冬，能耐0℃以下的低温。如二年生的花卉三色堇、诸葛菜、金鱼草等；多数宿根花卉如蜀葵、玉簪、金光菊等。半耐寒性花卉在北方需加防寒才可越冬，如金盏菊、紫罗兰、桂竹香等。不耐寒性花卉不能忍受0℃以下的温度，否则，停止生长或死亡。春天生长、开花，秋季死亡，如一年生花卉及不耐寒的多年生花卉，多原产于热带和亚热带。

（4）花卉的不同生育时期对温度的要求不同 一年生花卉的种子萌发可在较高温度（20~25℃）中进行，幼苗生长期要求温度较低，开花结实阶段对温度要求逐渐增高。二年生花卉的种子萌发在较低温度（15~20℃）中进行，幼苗生长期要求温度更低（1~5℃），否则不能顺利通过春化阶段；而开花、结实时，要求稍高于营养生长期的温度。

2. 温度对花卉生长发育的影响

（1）温周期的作用 温周期现象指植物对温度交替（周期性）变化的反应。昼夜温差较大，植物能积累较多的有机物质，对花卉的生长发育更有利。热带植物的昼夜温差为3~6℃。温带植物为5~7℃。原产沙漠地区的植物如仙人掌类为10℃以上。当然昼夜温差也有一定的范围，并非温差愈大愈好，否则对生长也不利。

（2）温度与花芽分化 不同花卉种类进行花芽分化时要求的温度不同。有些花卉在高温下进行花芽分化，在6~8月气温高至25℃以上时进行，如杜鹃、山茶、鸡冠花、唐菖蒲等。有些花卉在低温下进行花芽分化，许多原产温带中北部以及各地的高山花卉，其花芽分化多要求在20℃以下较凉爽气候条件下进行，如八仙花、石斛属的某些种类在低温13℃左右和短日照下促进花芽分化；许多秋播花卉，如金盏菊、雏菊等要求在低温下进行花芽分化。

（3）温度与花色 有的花卉随温度的升高和光强的减弱，花色变浅，如菊花、大丽菊。月季的花色在低温下呈深红色，在高温下呈白色。有的花卉随温度的升高而花色变深。如矮牵牛在30~35℃开花时花瓣呈蓝色或紫色，在15℃以下开花时呈白色，在上述两者之间的温度下，就呈蓝色和白色的复色花。蓝色和白色的比例随温度而变化，温度变化近于30~35℃时，蓝色部分增多。

（4）低温对花卉的影响 花卉不同发育时期的抗寒性不同，休眠的种子可以忍耐零下极低的温度，生长中的植物体耐寒性很低，但经过秋季和初冬冷凉气候的锻炼，植物可以忍受较低的温度。在花卉生长管理过程中可采取措施增强耐寒性，如花卉的炼苗，在幼苗从温室移植露地前应加强通风、逐渐降温；在早春寒冷时早期播种；生长季节增加磷、钾肥，减少氮肥的施用；在冬季用秸秆、落叶、马粪覆盖根部，风口处设置风障等措施。低温有时对植物生长也具有积极的作用，如低温是很多种子打破休眠期的关键，经过低温处理后，发芽率可提高。

（5）高温对花卉生长的影响 高温使花卉生长速度下降，严重时，引起植株失水甚至死亡。一般花卉在35~40℃环境中生长缓慢，在50℃以上时除热带干旱地区的多浆植物外，绝大多数花卉种类植株均死亡。花卉管理过程中可采取一些降温措施，如保持土壤湿润，促进蒸腾作用，使植物体降温；叶面喷水，可降6~7℃；灌溉、松土、地面铺草、设置遮阳棚等，这些措施均可使花卉安全度过暑夏高温。

（二）光照

光照对花卉生长的影响表现在光照强度、光照时间和光的组成成分的不同。

1. 光照强度

（1）自然界光照强度的变化规律 随纬度的增加而减弱，随海拔的升高而增强。一年中，夏季光照最强，冬季最弱。一天中，中午最强，早晚最弱。

（2）不同花卉种类对光照强度的要求不同 根据不同花卉种类对光照强度的要求不同可以将花卉分为阳性花卉、阴性花卉和中性花卉。阳性花卉要求在全光照下生长，不能忍受荫蔽，如多数露地一二年生花卉及宿根花卉、仙人掌科、景天科和番杏科等多浆植物。阴性花卉在适度荫蔽条件下生长良好，生长期间要求有50%~80%荫蔽度的环境条件，如蕨类植物、兰科植物、凤梨科、姜科、天南星科、秋海棠科等植物，以及许多观叶植物。中性花卉对光照强度的要求介于上述二者之间，一般喜欢阳光充足，但在微阴下也能生长良好，如耧斗菜、萱草、桔梗、白芨等。

（3）光照强度对花卉的影响 光照是花卉制造营养物质的能源，没有光的存在，光合作用就不能进行，花卉的生长发育就会受到严重影响。大多数植物只有在充足的光照条件下才能枝繁叶茂。一般植物的最适需光量为全日照的50%~70%，多数植物在50%以下的光照时生长不良。光照能引起植株形态解剖上的变化，如叶片的大小、厚薄，茎的粗细，节间的长短，叶肉结构和花色浓淡。光照过强时会使植物同化作用减缓，光照不足时同化作用和蒸腾作用减弱，植株徒长，节间伸长，花色及花的香气不足，分蘖力减弱，易感染病虫害。光照强度影响花卉的开花期，如半支莲、酢浆草必须在强光下开花，紫茉莉、晚香玉在傍晚时开花，昙花在夜间开花，牵牛在每日早晨开花，多数花卉晨开夜闭。光照强度也影响花青素的形成，影响花色，影响糖的积累，影响花色发育。

2. 光照长度

（1）光周期对花卉开花的影响 昼夜日照长短的周期性变化被称为光周

期。它对植物从营养生长到花原基的形成有一定作用。根据植物开花生理对日照长短的反应，可将花卉分为长日照花卉、中日照花卉、短日照花卉三类。长日照花卉是每天需要有12小时以上的光照才能开花，如果栽培季节昼短夜长，花卉只进行营养生长不形成花芽。这类花卉的花期都在春、夏季光照长的季节如唐菖蒲、紫茉莉、半支莲、石竹类、荷包花及二年生秋播花卉。中日照花卉占花卉的大部分，对光照的长短反应不敏感，只要其他生态条件适合就能开花，如天竺葵、矮牵牛等。短日照花卉每天需要有8~10小时的光照才能开花，需要的光照昼短夜长，大部分在秋季或冬季开花。如延迟或提前开花，则需人工调节，如一品红、菊花、蟹爪兰等。

（2）影响花卉种类的分布 热带和亚热带植物全年的日照长度均等，起源于此地区的花卉属于短日照植物，而起源于温带地区的花卉，属于长日照植物。

（3）影响花卉的休眠 一般短日照促进花卉休眠，长日照促进花卉生长。

（4）影响花卉的营养繁殖 有的花卉种类只有在长日照下才能进行营养繁殖，如虎耳草匍匐茎的发育、落地生根叶缘上的幼小植物体、禾本科植物的分蘖等。

（5）影响花卉块根和块茎的形成 短日照促进某些花卉块根和块茎的形成和生长，如菊芋、大丽菊、秋海棠等。

3. 光的组成 在光合作用中，绿色植物能吸收可见光区的大部分。其中，红、橙、黄光是被叶绿素吸收最多的光谱，有利于植物碳水化合物的合成，促进种子萌发、促进高生长以及促进长日照植物的发育，延迟短日照植物的发育；而青、蓝、紫光则能抑制植物的伸长而使植物矮小，但它有利于促进花青素等植物色素的形成。紫外线也能抑制植物茎的伸长和促进花青素的形成，使花色鲜艳，同时它具有杀菌和抑制植物病虫害传播的作用。

（三）水分

水分是光合作用的原料，占花卉鲜重的70%~80%。水分适当花卉才能旺盛地生长。不同品种的花卉需要不同的水分，同一种花卉在不同的生长时期，所需水分也不同。若水分供应不足，花卉就会枯萎，严重时会枯死。但水分过多会使土壤中所含空气减少，根部呼吸受阻而停止生长，根系腐烂，导致死亡。

1. 花卉对水分的要求

根据不同的花卉对水分的要求不同，可将花卉分为旱生花卉、中生花卉、湿生花卉和水生花卉。

（1）旱生花卉 叶片变小，或退化成刺毛状，或肉质化；表皮角质层加厚，气孔下陷；叶表面具厚茸毛。栽培管理中，应掌握宁干勿湿的浇水原则。如多数原产炎热而干旱区的仙人掌、景天科等花卉。

（2）中生花卉 对水分的要求和形态特征介于旱生花卉与湿生花卉之间。根系强大，抗旱力强，如宿根花卉。一二年生花卉与球根花卉根系浅，耐旱力弱。在管理中，应掌握见干见湿的浇水原则。如大多数的露地花卉均属此类。

（3）湿生花卉 喜生长于空气湿度较大的环境中，原产于热带沼泽地、阴湿森林中。在栽培管理中应掌握宁湿勿干的浇水原则。如海芋、龟背竹、合果芋、水仙、燕子花、马蹄莲、花菖蒲等。

（4）水生花卉 根或茎一般都具有较发达的通气组织，生长在水中。如荷花、睡莲、萍蓬莲等。

2. 水分对花卉生长发育的影响

（1）不同生育期对水分的要求 种子萌发时需要较多的水分以便透入种皮，有利于胚根的抽出。幼苗期，因根系弱小，在土壤中分布较浅，抗旱力极弱，必须经常保持湿润。营养生长期，抗旱力增强，但要有充足的水分，才能旺盛生长，防止徒长。开花结果期，要求空气湿度小，利于传粉。种子成熟期，要求空气干燥。

（2）水分对花卉花芽分化及花色的影响 控制水分，有利于花卉的花芽分化。如梅花的“扣水”就是减少水分的供应，使新梢顶端自然干枯，叶面卷曲，停止生长，转向花芽分化。球根花卉中，含水量少的，花芽分化早，含水量多的或早掘的球根，花芽分化延迟。如球根鸢尾、水仙、风信子、百合等用30~35℃的高温处理，使其脱水而达到提早花芽分化和促进花芽伸长的目的。适度的控水，使花色变浓，色素形成较多，如蔷薇、菊花。

（3）干旱对花卉的影响 干旱可使植株萎蔫，叶片及叶柄皱缩下垂，特别是一些叶片较薄的花卉更易显露出来。暂时的萎蔫隔夜后可以恢复，长久萎蔫老叶和下部叶子脱落死亡。干旱会使花卉木质化，多数花卉在干旱时，植株各部分由于木质化的增加，使植株表面粗糙而失去叶子的鲜绿色泽。

（4）水质对花卉生长的影响 最好的水为中性或微酸性的水。常用的水有雨雪水、河湖水、塘水、井水和自来水等，其中以雨雪水为最佳，其次是河塘水，井水中的矿物质过多，易使土壤盐碱化，最好不用。自来水要事先贮存，太阳照射，让自来水中的氯气挥发后再使用。

（四）空气

正常情况下，空气中氧占21%，氮占78%，二氧化碳占0.03%，此外还有其他气体和水蒸气。

1. 氧气 氧气是花卉生长呼吸作用所必需的，空气中氧气含量对花卉生长发育的需要是足够的，但土壤中氧气含量较低，通常只有10%~12%，特别是土壤过于紧实或表土板结时引起氧气不足，影响气体交换，二氧化碳大量聚集，使氧气不足，根系呼吸困难。刚播种后的种子如果土壤氧气不足，就会停止发芽甚至死亡，应及时松土。

2. 二氧化碳 二氧化碳是光合作用的原料，空气中二氧化碳的含量低于300毫升/米^3，就不能完全满足花卉生长的需要。温室中可以通过二氧化碳施肥，提高花卉的光合作用。如切花月季增施二氧化碳到1 200~2 000升/米^{3}就可以增加切花产量，菊花和香石竹增施二氧化碳后可大大提高切花的质量。但二氧化碳过量（最高量是5 000毫升/米^{3}左右），对植株有危害。如新鲜的厩肥或堆肥施用过多时，二氧化碳高达10%左右，对植物产生严重伤害，会迫使叶片气孔关闭，光合强度下降。在温室或温床中，施用过量厩肥，会使土壤中二氧化碳含量增多至1%~2%，在此情况下时间较长，植株易发生病害。可以松土降低二氧化碳浓度。

3. 二氧化硫 是有害气体，一些化工厂二氧化硫泄漏会造成花卉危害。当空气中的二氧化硫量增至10~20毫克/升时，便会使花卉受害，浓度愈高，危害愈重。危害症状为叶脉间发生许多褐色斑点，严重时，叶脉变为黄褐色或白色。

4. 氟化氢 主要来源于炼铝厂、磷肥厂、搪瓷厂等厂矿地区。它危害植株幼芽和幼叶，叶片出现褐色斑点和萎蔫，还使植株矮化、早期落叶、落花及不结实。

5. 其他有害气体 如氨、乙烯、乙炔、丙烯、硫化氢、氧化硫、一氧化碳、氯、氰化氢、甲醛等，常使植物和人受害。在新装修的房屋中，装饰材料和家具中含有较多这类气体。有些植物抗性强，可以净化空气；但有些植物对有害气体很敏感，轻则生长不良，重则死亡，可以作为“报警器”监测预报空气污染程度。

（五）土壤

家庭养花大都是有土栽培，土壤的质地直接影响花卉植物的生长发育。盆栽花卉因盆土容量有限，根系活动受到限制，更要求营养物质丰富、物理性质良好的土壤，其中应富含腐殖质，松软、通透性好，能长久保持湿润状态。肥沃、疏松、干后不裂、渗透性和排水性能良好、酸度适当的土壤是最好的土质。

1. 土壤性状与花卉的关系

（1）土壤质地 常见的土壤可分为沙土、黏土、壤土和田园土。沙土通透性强、排水良好，但保水性差，土壤温度变化大，昼夜温差大，有机质含量少，肥力强但肥力短。常用作培养土的配制成分和改良黏土的成分，用于扦插、栽培幼苗和耐旱的花卉。黏土土壤间隙小，通透性差，排水不良但保水性强，含矿质元素和有机质较多，保肥性强且肥力也长，土壤温差小，早春土温上升慢，对幼苗生长不利，对大多数花卉的生长均不利。壤土性状介于上述二者之间，通透性好，保水保肥力强，有机质含量多，土温比较稳定，对花卉生长比较有利，适应大多数花卉种类的要求。田园土由于常年耕作，具有较好的团粒结构，保水性强，肥力充足，是配制盆土最好的原料之一。南方的田园土多黏重偏酸，北方的田园土偏碱性，不能单独作为盆土，而要与其他原料混合。

家庭养花的用土一般由多种原料土配制而成。可以按一定比例加入煤烟灰、河沙、腐叶土以及一些动物粪便。煤烟灰与河沙性质相差不多，无河沙时可用煤烟灰代替，它分量轻，能使盆土更疏松，富含铁、硫、锌等营养元素，可使花卉茎粗壮、叶肥厚、花鲜；腐叶土，可用易分解、腐烂的阔叶树落叶和豆科植物及羊粪、家禽肥堆积发酵而成腐叶土。堆积时先在底层铺上一些田园土，然后将碎叶、肥料、田园土分层堆放，逐层压紧踩实，均匀地浇上水或人粪尿，然后用稀泥封顶1个月后翻堆，促使腐熟均匀。夏季2~3个月可制成，冬季时间长些。其持点是含腐殖质多，具多孔性和弹性、质地疏松、养分多。

（2）土壤酸碱度 土壤酸碱度不仅直接影响营养物质的吸收和花卉的生长，还影响微生物的活动，从而影响营养物质的分解。碱性土和酸性土对花卉的生长都不利，甚至造成植株死亡。南花北栽会因土质碱性过强而使枝叶变黄，可每周浇0.5%的硫酸亚铁水溶液1次，以增加土壤的酸度，也可施用过磷酸钙肥料来提高土壤的酸度。大多数露地花卉要求中性土壤，少数花卉可以适应强酸性土壤。温室花卉几乎全部种类都要求酸性或弱酸性土壤。

2. 各类花卉生长对土壤的要求

（1）露地花卉 除沙土和重黏土外，均可适应多数花卉种类要求。一二年生花卉要求排水良好的沙质壤土、壤土和黏质壤土，均可生长良好，重黏土和沙土上生长不良。适宜土壤是干湿适中、富含有机质。夏季开花的种类最忌干燥的土壤，秋播花卉如金盏菊、矢车菊等，以表土深厚的黏质壤土为宜。宿根花卉的根系较一二年生花卉强大，入土较深，栽植时应施入大量有机质肥料。一次栽植后可多年开花。幼苗期喜腐殖质丰富的轻土壤，而在翌年以后以黏质壤土为佳。球根花卉对土壤的要求较为严格，球根花卉一般都以富含腐殖质而排水良好的沙质壤土或壤土为宜。最好的土壤是下层为排水良好的沙砾土，而表土为深厚的沙质壤土。但水仙、晚香玉、风信子、百合、石蒜和郁金香等，以黏质壤土为适宜。

（2）温室花卉 温室花卉必须用特制的培养土。培养土富含腐殖质，松软，通气性好，能长久保持湿润状态，不易干燥。温室一二年生花卉如瓜叶菊、蒲包花、报春花等，在幼苗期的培养土配制为腐叶土5份，田园土3.5份，河沙1.5份。定植后腐叶土的含量为2~3份，田园土为5~6份，河沙1~2份。宿根类花卉的培养土对腐叶土的需要量较少，为腐叶土3~4份，田园土5~6份，河沙1~2份。温室球根如大岩桐、仙客来和球根秋海棠等的培养土为腐叶土3~4份。实生苗要用更多的腐叶土，通常为五成左右。温室木本花卉的播种苗和扦插苗培养期间，要求较多的腐殖质，栽植成长后，腐叶土的量应较少，河沙应有一至二成。

（3）其他花卉的培养土 实生苗和扦插苗为腐叶土4份，田园土4份，河沙2份。橡皮树、朱蕉等为腐叶土3份，田园土5份，河沙2份。棕榈、椰子等为黏质田园土5份，河沙2份。桩景和盆栽树木为腐叶土及堆肥土适量，河沙必须有1~2份，主要解决渗水问题。

（六）矿质营养

1. 花卉对营养元素的要求 主要矿质营养元素对花卉生长的作用如下：

（1）氮 促进植物的营养生长，增进叶绿素的产生，使花朵增大、种子丰富。氮肥过多使开花延迟、茎徒长，并减少对病害的抵抗力。对于一年生花卉，在幼苗期需氮量较少，以后逐渐增多。二年生花卉和宿根花卉，在春季生长初期即要求大量的氮肥。观叶花卉在整个生长期中都需要较多的氮肥，保持美观的叶子。观花花卉营养生长期需要较多的氮肥，进入生殖阶段后，应控制施用。

（2）磷 能促进种子发芽，提早开花结实，使茎发育坚韧，不易倒伏；能增强根系的发育；能增强植株对于不良环境和病虫害的抵抗力。花卉在幼苗营养生长阶段需要适量的磷肥，开花期以后，磷肥需要量更多。

（3）钾 能使花卉生长健壮，促进茎的坚韧性，不易倒伏；促进叶绿素的形成和光合作用，能促进根系的扩大，对球根花卉如大丽花的发育有极好的作用；能使花色鲜艳，提高花卉的抗旱和抗寒及抵抗病虫害的能力。过量的钾肥使植株生长低矮，节间缩短，叶子变黄，褪色而皱缩，还可使植株在短时间内枯萎。

（4）钙 促进根的发育，降低土壤酸度，改变土壤的物理性质，使黏质土壤变得疏松，使沙质土壤变得紧密，使植物组织坚固。

（5）硫 促进根系的生长，与叶绿素的形成有关，促进土壤中微生物的活动。

（6）铁 对叶绿素的形成有重要作用，缺铁叶绿素不能形成。在石灰质土或碱土中，铁转变为不可利用态，植株不能吸收而缺铁。

（7）镁 镁参与叶绿素的形成。镁对磷的可利用性有很大的影响。

（8）硼 能改善氧的供应，促进根系的发育和豆科根瘤的形成；促进开花结实的作用。

（9）锰 对叶绿素的形成和糖类的积累转运有重要的作用；对种子发芽和幼苗的生长以及结实均有良好的影响。

2. 花卉的缺素症

在花卉的生长发育过程中，当缺少某种矿质营养元素时，植株形态就会呈现出一定的症状，这称为花卉的缺素症。常见的缺素症有以下几种：

（1）缺氮 植株生长缓慢，叶色发黄，严重时叶片脱落。

（2）缺磷 常呈不正常的暗绿色，有时出现灰斑或紫斑，延迟成熟。

（3）缺钾 双子叶植物叶片开始有点缺绿，以后出现分散的深色坏死斑；单子叶植物叶片顶端和边缘细胞先坏死，以后向中部扩展。

（4）缺钙 显著地抑制芽的发育，并引起根尖坏死，植株矮小，有暗色皱叶。

（5）缺镁 先在老叶的叶脉间发生缺绿病，呈浅斑，以后变白，最后呈棕色，开花迟。

（6）缺铁 叶脉间产生明显的缺绿症状，严重时变为灼烧状，与缺镁相似，不同处是通常在较嫩的叶片上发生。

（7）缺锰 叶脉间黄化，极细叶脉仍保持绿色，形成细网状，花小而且花色不良。

（8）缺硼 会造成生理紊乱，表现出各种各样的症状，但大多为茎和根的顶端分生组织的死亡。

四 花卉的养护

（一）养花容器

花盆是养花的主要栽植器具，其材料性质和容积大小对花卉生长影响很大，因此，了解并合理选用花盆对养花很重要。

1. 花盆的种类 花盆按盆体的材料质地可分为以下几种。

（1）素烧盆 又称瓦盆、泥盆，以黏土烧制而成，有红盆及灰盆两种。一般盆栽用瓦盆最适宜。瓦盆不仅价格便宜、实用，而且因盆壁上有许多微细孔隙，透气、渗水性能都很好，这对盆土中肥料的分解、根系的呼吸和生长都有好处。缺点是质地粗糙，色彩单调，搬运不便，容易破碎。素烧盆的盆口通常为圆形，直径大小为10~40厘米，也有特大的直径为50~66厘米。

（2）紫砂陶盆 是采用一种被称之为“泥中之泥”的特殊黏土经过1 000~1 150℃的高温烧制而成。内外不上釉，质地细密，但有肉眼看不到的气孔，既不渗漏，又具有一定的吸水性和透气性。色质古雅、富有韵味，极具民族特色，加上制作缜密精巧，其实用价值和艺术价值均较高。主要产自江苏宜兴、浙江嵊县、四川荣县等地。

（3）釉陶盆 是采用可塑性较好的黏土制作成胎体，外面涂上低温釉彩，经900~1 200℃的高温烧制而成。里面和盆底部均不上釉，以利泄水透气。釉陶盆的色彩种类较多，大多鲜明而古雅。

（4）瓷盆 采用精选的高岭土，经1 300~1 500℃的高温烧制而成。质地细密坚硬，色彩鲜艳华丽。主要产于江西景德镇、湖南醴陵、河北唐山、山东淄博。瓷盆与陶盆相似，做工更细，价格更高，透气性、透水性差，栽培上很少应用，主要用作套盆。

（5）塑料盆 质料轻巧，经久耐用，色彩丰富，价格便宜，使用方便。但不透气、不渗水，在无土栽培上用得较多。若用来养花，应注意培养土的物理性状，使之疏松透气，以克服塑料盆的缺点。塑料盆最适宜栽种较耐水湿的花卉，如旱伞草、龟背竹、马蹄莲、广东万年青等。在育苗阶段，常用小型软质的塑料盆（营养钵），使用方便。

（6）塑胶盆 用塑料加胶木制成，色彩多样，形状各异，华丽，不易老化，但透气性不好，价格较高。

（7）水泥盆 用水泥制成。水泥盆不如陶瓷盆细致，不及石盆坚实，但费用代价较低，便于自制，形状、规格、色彩等便于灵活处理。水泥盆的色彩一般为本色（白色或灰色），也可在水泥中掺进颜料，制成各种色彩。

（8）竹木盆 利用竹木材料加工而成。

除以上所列外，还有其他材料的盆，如石盆（多用于盆景）、玻璃盆（多用于水培）等。

2. 如何选用花盆 选用花盆主要应考虑花盆的大小、质地、价格、形状和色彩等。作为一般栽培多选用排水透气性好、价格便宜的素烧盆。另外，还需考虑所养花卉的株形、大小、根系的多少、深浅等因素，选用适当的花盆。

一般来说，花盆盆口直径要大体与植株冠径协调；根系的多少与花盆的深浅相当，根系要能够伸展开来，如果主根或须根太长，可作适当修剪后上盆。若所选花盆过大，不仅会影响美观，而且不利于植物对水分、肥料的吸收利用，重要的是养花者不容易控制浇水量和施肥量；反之，花盆过小，不但会显得植物头重脚轻，比例失调，而且还会影响植株根部发育，植物变得对水肥非常敏感，稍不注意，便会出现各种养护问题。因此在对花卉选择花盆时，一定要量身选择。

（二）养花管理工具

家庭养花的工具一般可以到超市或花卉市场购买，有些也可以因陋就简，就地取材，下面介绍几种常用的工具。

1. 修枝剪 用于修枝、剪杆、截枝、剪须。

2. 嫁接刀 作嫁接时切削枝杆及接穗。

3. 手锯 嫁接时锯截较粗的枝杆。

4. 浇水壶 最好是塑料的，备可拆卸的粗细孔喷头各1个，壶的大小以装水1千克左右为宜，手提不吃力为度。

5. 喷雾器 可选用家用的灭蚊喷雾器或小型农用喷雾器，供喷药、喷水及根外施肥用。

6. 小花铲、铁锹 用于花卉上盆、换盆时铲土及移苗、起苗、挖坑。

7. 耙子 用于耙松土壤。这种耙子可以自己用铁丝制作。

8. 竹夹子 可用篾条自己削制。用于仙人掌类带刺花卉的移栽、嫁接及夹小苗。

9. 水缸 水缸2个，一个用于盛贮清水，另一个用于泡沤液肥。

此外，最好还要备有橡胶管、薄膜、竹签、温度计、钢丝钳等。

（三）养花的上盆、换盆与修剪

1. 养花的上盆和换盆

（1）上盆 将买来的花卉或自行繁殖的播种苗、扦插苗栽植于花盆中，或将露地栽培的花卉移入花盆栽培，这就是上盆。如使用旧花盆必须刮洗干净，清除盆壁黏附的泥土及青苔，用清水冲洗干净，晾干后使用；如为新盆，先入水浸泡1~2天，以除去花盆自带的燥性和碱性。

花卉上盆的做法是：将准备好的花盆，用瓦片盖住盆底的排水孔，或用塑料窗纱1~2层盖住排水孔；对于排水孔多的花盆，可添入碎石块或碎砖瓦块来堵排水孔。然后向盆底填入较大颗粒的培养土约3厘米厚，再加入培养土，将植株放入盆中央，向根系四周填入培养土直至将根系完全埋住，轻提植株使根系舒展。用手压实盆土，尤其是盆际土要压实；再加入培养土至离盆口约3厘米处。浇透水，放于阴凉处3~7天，经常向枝叶喷水，以使其顺利度过缓苗期，待苗恢复生长后放于适当光照下生长。

（2）换盆 将盆花从原花盆中倒出，再移栽到另一个花盆里，这个过程叫换盆。一般来说，有两种情况需要换盆：一种是随着幼苗的生长根系逐渐布满盆内，同时从盆底排水孔伸出幼根，这时需换入较大的花盆，并填入新的培养土，以扩大营养面积，否则花卉生长就会受到限制；另一种是花卉植株已定型，因栽培时间过久，致使盆内养分缺乏，土质变劣，或其老根已经充满花盆，此时为修整根系，更换营养丰富的培养土而采取的换盆措施，用盆大小可以不变，也称作翻盆。

花卉换盆的做法是：用一手食指和中指夹住植株的基部，手掌紧贴土面，另一手托起盆底翻转过来，用手掌轻托盆边，将植株从盆中托出，用竹片或小铲把根部周围的旧土刮除约1／3或1／2，并将近盆边的老根、枯根、卷曲根及生长不良的根用剪刀剪去，然后按上盆操作。宿根花卉换盆时可以结合分株。对于一二年生花卉，换盆时，土团仅表面去掉一些即可，一般不做任何处理，但要注意栽植时防止土团破裂。

2. 花卉的修剪

（1）修剪的方法 花卉修剪是花卉栽培管理中的一项很重要的工作。修剪一方面可以使盆花生长均衡，开花良好，花期长。另外，通过剪除枯枝、老枝，便于植株积累养分，使老枝得以更新，利于新芽、新叶的形成，达到叶绿花繁果硕、株形美观的目的。

花卉修剪的基本方法有：

①摘心。是在花卉生长期中，适时地用手或剪刀除去嫩梢的生长点，促进多生侧枝，控制花卉徒长，使植株矮化，达到株冠丰满美观的目的，如四季海棠用摘心来整形。摘心还可用来控制花期，如一串红不摘心，9月初可开花，经过几次摘心可推迟到国庆节开花。摘心还可开出更多的花，如大丽菊等通过摘心培养成数千朵以上的多花植株。

②抹芽。是在花卉生长期中，用手将花卉基部或干上生长出的多余不定芽，在嫩芽尚未长成或木质化之前及时用手把它抹掉。抹芽，一方面可以避免多余的芽消耗养分，另一方面如不及时抹掉多余的不定芽，它常常萌发过多的枝条，扰乱株形。

③剪枝。包括疏枝和短截。为了调整树姿，利于通风透光，一般常将枯枝、病虫枝、纤细枝、平行枝、徒长枝、密生枝等剪除掉，即为疏枝。疏枝时残桩不能过长，也不能切入下一级枝干，上切口在分枝点起，按45°斜角剪截，切口要平滑，萌芽力弱的花木，如广玉兰、白玉兰等，疏枝量宜少。短截指将枝条先端剪去一部分，剪时要充分了解植物的开花习性，注意留芽的方向。

④疏花疏果。疏花疏果是在花卉的生长期将多余的花蕾和过多的果实去

掉。疏花疏果的目的一是摘除花果，利于集中养分，使花朵大而鲜艳，果实累累；二是对于幼龄的花木或生长衰弱的观果植物，全部摘除花蕾幼果，不让其开花结果，贮存积累营养，为来年更好地开花结果做好准备。

⑤修根。修根是花卉在每年春、秋季换盆时，将老根、死根剔除，或疏掉一些须根，促进新根的发生。对于观花、观果的盆栽花卉，如因徒长而不开花结果，可将部分根系切断，削弱吸收能力，抑制营养生长，以促进开花结果。

⑥支架与诱引。对一些攀缘很强的、枝条柔软的盆栽花卉，都应该立支架。在立支架的同时，也起着诱引枝条向某一指定的方向生长的作用，通过支架诱引达到理想的株形，如文竹、仙人指、蟹爪兰等。

（2）修剪的时期 修剪一般在休眠期和生长期都可以进行，但具体掌握时，应根据花卉的习性、耐寒程度和修剪目的而定。

一般早春先开花后长叶的花卉，如梅花、迎春等，花芽都生在二年生枝上，一定要在花后修剪，如果在早春发芽前修剪，就会把花枝剪去，造成无花现象。故修剪应在花后1~2周进行，但此时花木已开始生长，树液流动比较旺盛，修剪量不宜过大。夏、秋季开花的花木，如紫薇、月季、茉莉等，它们的花芽都生在当年生的枝条上，可在发芽前的休眠期进行修剪。观叶花卉也可以在休眠期修剪。

在休眠期进行修剪时，耐寒性强的可以晚秋和初冬进行，不宜过早修剪，以免诱发秋梢，不利于来年开花结果和御寒防冻。怕冷的则应在早春树液开始流动，但尚未萌芽前进行。另外，花木整形，锯截粗枝或修剪的目的是为了更新，因而需要强行修剪时，均应在休眠期进行。花卉生长期中的修剪，大都是为了通风透光，除去病虫枝、徒长枝或为了调节营养，使花姿更加雅致、茂密、健壮，修剪程度一般宜轻。

（四）花卉的育苗繁殖

花卉的繁殖依据繁殖体的来源不同，可分为有性繁殖和无性繁殖两大类。

1. 有性繁殖 也称作种子繁殖，用种子繁殖的花卉幼苗叫实生苗。凡是能采收到种子的花卉均可进行种子繁殖。如一二年生花卉以及能形成种子的盆栽花卉、木本花卉等。

种子繁殖的优点是：繁殖数量大，方法简便；所得花苗根系完整，生长健壮，寿命长；种子便于携带、贮藏、流通、保存和交换。但种子繁殖也有缺点，一些异花授粉的花卉若用播种繁殖，其后代容易发生变异，不易保持原品种的优良性状，有的出现不同程度的品种退化。另外，从播种到采收种子时间长，部分木本花卉采用种子繁殖，开花结实慢，移栽不易成活。

（1）种子的选择 要培育优良的花卉苗木，选择优良的种子是繁殖成功的重要保证，因此播种前要进行种子的选择。首先，根据养花环境的光照条件选择适宜的花卉种类。如向南的阳台需选种喜光耐热的花卉，如鸡冠花、石竹、凤仙花、一串红、大丽菊、百合类、水仙、五色苋、五色椒、美女樱、金盏菊、美人蕉、叶子花、茉莉、月季、石榴、米兰、橡皮树、金橘、佛手、仙人掌科植物等。其次，根据种植的季节选种花卉种类。有些花卉季节性很强，如羽衣甘蓝、雏菊、金盏菊、三色堇等，适合秋季播种；夏堇、鸡冠花、长春花、千日红等适合春、夏季播种；而一串红、四季海棠、万寿菊、百日草、矮牵牛等只要条件适宜，四季均可播种。

有些养花爱好者喜欢自己留种，需要注意以下问题。作为留种用的植株，一定要进行选择，要选花色、花形、株形都比较美观，生长健壮、无病虫害，能体现品种特性的植株作为留种母株。从选种的角度看，同一单株不同部位的花序或小花所产生的种子，其保留品种典型性程度也不同。一般规律是在种株上最先开的花，能比晚开的花产生更好的种子后代，如花期早、花朵大、花色艳等。对于某些花朵着生于主枝和侧枝上的花卉品种，如波斯菊、矮牵牛、金鱼草等，每个果实中的种子重量一般是由下而上递减，发芽率也由下而上递减，它们所产生的后代在长势上也有显著的差异。因此，为保证种子的质量，最好选择下部花朵所产生的种子，即使同一花序不同位置的种子，它们的后代保留品种典型性的程度也不同。如鸡冠花，以中央花序的中下部产生的种子为佳；金鱼草以总状花序中下部的种子结实率高；菊类花卉，着生在花盘边缘的种子，最能保持其优良性状，花盘中心所结的种子籽粒不壮，优良性状不理想，不宜留种使用。

（2）种子处理 处理种子可以促使种子早发芽，出苗整齐。由于各种花卉种子大小、种皮的厚薄、本身的性状不同，应采用不同的处理方法。

①容易发芽的种子。万寿菊、羽叶茑萝、一些仙人掌类种子都很容易发芽，均可直接进行播种，也可用冷水、温水处理。冷水（0~30℃）浸种12~24小时，温水（31~40℃）浸种6~12小时，以缩短种子膨胀时间，加快出苗速度。

②发芽困难的种子。一般大粒种子发芽困难，如美人蕉、鹤望兰、荷花等，种皮较厚且坚硬，吸水困难，对这些种子可在浸种前用刀刻伤种皮或磨

破种皮。大量处理种子时可用稀硫酸浸泡，用前一定要做好实验，要掌握好时间，种皮刚一变软，立即用清水将种皮的硫酸冲洗干净，防止硫酸烧伤种胚。

③发芽迟缓的种子。有些花卉种子如文竹、君子兰、金银花等，出苗非常缓慢，在播种前应进行催芽。催芽前先用温水浸种，待种子膨胀后，平摊在纱布上，然后盖上湿纱布，放入恒温箱内，保持25~30℃的温度，每天用温水连同纱布冲洗1次，待种子萌动后立即播种。

④需打破休眠的种子。有些种子在休眠时即使给予适宜的水分、温度、氧气等条件，也不能正常发芽，必须在低温下度过春化阶段才能发芽开花结果，如桃、杏、荷花、月季、杜鹃、白玉兰等。

对休眠的种子可采用低温层积处理，把花卉种子分层埋入湿润的素沙里，然后放在0~7℃环境下进行层积。层积时间因种类而异，如杜鹃、榆叶梅需30~40天，海棠需50~60天，桃、李、梅等需70~90天，蜡梅、白玉兰需3个月以上，红松等则在6个月以上。经层积处理后即可取出，筛去沙土，或直接播种，或催芽后再播。

（3）播种期及播前准备

①播种期。露地花卉的播种期：一年生花卉多在春季播种，一般北方在4月上旬至5月上旬，中原一带则在3月上旬至4月上旬，华南多在2月下旬至3月上旬播种。另外可根据种花者爱好进行提前或延后播种。二年生花卉一般是在立秋以后播种，北方多在9月上中旬播种，南方多在9月中下旬和10月上旬播种。露地木本花卉的播种期：这类花木种子大多是大粒种子，如杏、女贞、白蜡、梅花、桃花等。大多在9月上旬至10月下旬进行秋播，可在田间通过春化阶段，翌年出苗整齐。不可播种过早，否则秋季气温高，种子当年发芽，容易受冻害。如经过层积处理的种子，可在春季播种，在土壤表层解冻后马上播种，使苗木在伏天到来之前木质化，以免多雨和高温造成幼苗枯萎。温室花卉的播种期：温室花卉大多是热带、亚热带地区常绿植物，如仙人掌类、常绿观叶类。种子萌发主要受温度影响。在温室内，播种工作一年四季均可进行。

②播前准备。育苗所用的营养土是供给花苗生长发育所需要的水分、营养和空气的基础。优质的营养土应当肥沃、疏松、细致，对细小种子的营养土要求较严，土壤的颗粒要小。对营养土还需要消毒。使用前最好将配好的营养土通过阳光暴晒或者蒸煮等方法杀死大量病菌孢子、菌丝和害虫卵、害虫、线虫。

③种子消毒。种子消毒可有效预防苗期病害，如苗期猝倒病、立枯病，

以提高成苗率。常见的消毒方法有以下几种：多菌灵与敌百虫拌种消毒，用药量为种子重量的0.2%~0.3%，最好干拌，种子沾药均匀，不易产生药害。用0.5%高锰酸钾溶液消毒，浸种2小时，捞出冲洗，阴干后播种。常用200倍的40%福尔马林溶液消毒，浸种10~15分钟，捞出冲洗，干后播种。

（4）播种方法及程序

①播种方法。播种方法有撒播、点播、条播三种。撒播指把种子均匀撒在播种床上，此法适用于小粒种子，种子过于细小时，可将种子与适量细沙混合后播种。撒播播量大，出苗多，省工省地，但用种量大，管理较为困难。点播指按一定的株行距挖穴播种，适用于大粒种子和较稀少的种子，如银杏、松类、珍稀的仙人掌类种子等。点播费工费时，但出苗健壮，管理方便。条播指按一定行距开沟播种，适用于中、小粒种子，行距与播幅视情况而定，条播用种量较少，管理方便，木本苗木大多采用此法。

②播种程序。一是根据种子大小及具体情况采用适宜的播种方法。二是覆土，播后应及时覆土，覆土厚度为种子直径的2~4倍。一些极细小的种子如秋海棠类、大岩桐、部分仙人掌类种子可以不覆土，但播种后必须用玻璃、塑料膜覆盖保湿。覆土应选用疏松的土壤或细沙、草木灰、椰糠、泥炭等，不宜选取用黏重的土壤。三是镇压，通过镇压可以使种子与土壤紧密结合，使种子充分吸水膨胀，促进发芽。镇压应在土壤疏松、上层较干时进行，土壤黏重不宜镇压，以免影响种子发芽。催芽播种的不宜镇压。四是覆盖，用薄膜、遮阳网等覆盖，具有保持土壤湿度，防止雨淋及调节温度等作用，但幼苗出土后覆盖物应及时撤除。最后是浇水，在播种前营养土应灌足底水，出苗前不需要灌水。如有些种子发芽期较长，需要灌水时，应进行喷雾灌溉，避免直接用大水喷灌，以免苗床板结。如果盆播的种子，可用浸水法，直到盆土表面土壤湿润为止。

2. 无性繁殖 又称营养繁殖，是以植物的营养器官进行的繁殖。无性繁殖可分为扦插繁殖、嫁接繁殖、分生繁殖、压条繁殖、孢子繁殖、组织培养繁殖。

（1）扦插繁殖 即将花卉的根、茎、叶的一部分，插入不同基质中，而后生根发芽成为独立植株的方法。扦插繁殖具有简便、快速、经济、大量的优点，缺点是植株不能形成主根，寿命不如有性繁殖的长久。依插穗器官的来源不同，可分为枝（茎）插、叶插、芽插和根插等。

①枝（茎）插。采用花卉枝条作插穗的繁殖方法，是应用最为普遍的一种

扦插方法。根据生长季节与取材的不同又分为硬枝扦插、半硬枝扦插、软枝扦插三种。

硬枝扦插又称老枝扦插，多用于落叶木本花卉。扦插时间多在秋冬落叶后至翌年早春萌芽前的休眠期进行。选择一二年生生长充分的木质化枝条，带3~4个芽，将枝条截成10~15厘米长的插穗。上端切口离芽1~2厘米，切口呈斜面，下端切口应在近节处，切口呈斜面。插前先用木棍或竹签在基质上扎孔，以免损伤插穗基部剪口表面。扦插深度为插穗长度的1/3~1/2，直插或斜插。南方多在秋季扦插，有利于促进早生根发芽；北方地区冬季寒冷，应在阳畦内扦插，或将插穗贮藏至翌年春季扦插。插穗冬藏采用挖深沟湿沙层积的方法，量少也可用木箱室内冷凉处沙藏。有些难以扦插成活的花卉如紫荆、海棠类，可采用带踵插、锤形插、泥球插等。

半硬枝扦插又称半软材扦插、绿枝插。插穗成熟度介于软枝与硬枝之间。取当年较成熟的枝条（如果太嫩，可剪去顶端），留2~3个叶片，去掉其余的叶片，穗长约10厘米，插入基质的深度为插穗的1/3~1/2。此方法适用于大多数常绿或半常绿木本花卉，如米兰、栀子、杜鹃、月季、海桐、黄杨、茉莉、山茶和桂花等的繁殖。

软枝扦插又称嫩枝扦插，多用于草本花卉和常绿木本花卉。在生长旺盛季节进行。插穗选取当年生长发育充实的嫩枝或木本花卉的半木质化枝条，长5~6厘米，保留上端2~3片叶，将下部叶片从叶柄基部全部剪掉。如果上部保留的叶片过大，如扶桑、一品红等，可剪去1/3~1/2，下端剪口在节下2~3毫米处。扦插深度为插穗长度的1/3~1/2。插完一组后，即用细眼喷壶洒一次水，使基质与插穗密接，并遮阳网遮阴。如用盆扦插，应放置在通风庇荫处，插完后盖上塑料薄膜，每天中午打开一角略加通风。木本花卉如木兰属、蔷薇属、绣线菊属、火棘属、连翘属和夹竹桃等，草本花卉如菊花、天竺葵属、大丽菊、丝石竹、矮牵牛、香石竹、秋海棠等，均可用此法进行。

②叶插。叶插是用花卉的叶片或者叶柄作为插穗的扦插方法。适用于叶片易生根又能发芽的植物，常用于叶质肥厚多汁的花卉，如秋海棠、非洲紫罗兰及十二卷属、虎尾兰属、景天科的许多种，叶插极易成苗。

叶片插，一般用于叶脉发达、切伤后易生根的花卉，常用全叶插或叶段插。蟆叶海棠扦插时，先剪除叶柄，叶片边缘过薄处亦可适当剪去一部分，以减少水分蒸发，将叶片上的主脉、支脉间隔切断数处，平铺在插床面上，使叶片与基质密切接触，并用竹枝或透光玻璃固定，能在主脉、支脉切伤处生根。

落地生根可由叶缘处生根发芽，可将叶缘与基质紧密接触。将虎尾兰一个叶片切成数块分别进行扦插，使每块叶片基部形成愈伤组织，再长成一个新植株。

叶柄插，一般用于易发根的叶柄作插穗。将带叶的叶柄插入基质中，由叶柄基部发根；也可将半张叶片剪除，将叶柄斜插于基质中；橡皮树叶柄插时，将肥厚叶片卷成筒状，插竹签固定于基质中；大岩桐叶插时，叶柄基部先发生小球茎，再形成新个体。豆瓣绿、非洲紫罗兰等多采用这种方法繁殖。

③芽插。利用芽作插穗的扦插方法。取2厘米长、枝上有较成熟的芽（带叶片）的枝条作插穗，芽的对面略剥去皮层，将插穗的枝条露出基质面，可在茎部表皮破损处愈合生根，腋芽萌发成为新植株。如橡皮树、天竺葵等。

④根插。用根作插穗的扦插方法。适用于带根芽的肉质根花卉。结合分株将粗壮的根剪成5~10厘米根段，全部埋入插床基质或顶梢露出土面，注意上下方向不可颠倒。如牡丹、芍药、月季、补血草等。某些小草本植物的根，可剪成3~5厘米的小段，然后用撒播的方法撒于床面后覆土即可，如宿根福禄考等。

除以上扦插繁殖方法外，对家庭养花者来说，水插繁殖更是一种行之有效的繁殖方法。花卉水插繁殖要求条件简单，操作容易，如秋海棠、旱伞草、石榴、香石竹、富贵竹、大丽花等一些适宜水插繁殖的花卉，以水为基质，浸泡插条，生根繁殖。水插繁殖，木本花卉应选半木质化枝条，草本花卉应选成熟健壮枝条。将当年生或二年生的健壮结实枝条，切成6~10厘米长的插穗，上部留2~5片叶，枝条下端用刀削成马蹄形。插前用0.1%高锰酸钾溶液浸泡6~24小时。也可用100毫克/升的吲哚乙酸和100毫克/升的萘乙酸混合液浸渍基部6~24小时，或用1 000毫克/升吲哚丁酸速浸3~5秒，然后插入玻璃瓶中，每1~2天换清水1次，10~30天便可生根。等根系发育完善，可将生根的插条取出上盆，然后放到庇荫处缓苗，也可一直水培观赏。

（2）嫁接繁殖 嫁接繁殖是花卉营养繁殖方式之一，是指将一种花卉植物的枝或芽移接到另一种植株根、茎上，而后长成新植株的繁殖方法。接活后的花苗称嫁接苗。

嫁接繁殖在花卉上有特殊意义与应用价值。其一，可用于某些不易用其他无性繁殖方法的花卉，如云南山茶、梅花、桃花、樱花等，常用嫁接大量生产。其二，可提高特殊品种的成活率，如仙人掌类不含叶绿素的黄、红、粉色品种只有嫁接在绿色砧木上才能生存。其三，提高观赏性，垂枝桃、垂枝槐等嫁接在直立生长的砧木上更能体现出下垂枝的优美体态，菊花利用黄蒿作砧木可培育出高达5米的塔菊。其四，嫁接是提高观赏植物抗性的一条有效途径，如切花月季常用强壮品种作砧木促使其生长旺盛。其五，嫁接繁殖可提前开花，如桂花播种苗需10~15年才能开花，而嫁接苗可当年开花。

因砧木和接穗的来源性质不同可分为枝接、芽接、根接、靠接和插条接等多种。依嫁接口的部位不同又可分为根颈接、高接和桥接等。

（3）分生繁殖 是利用植株基部或根上产生萌枝的特性，人为地将植株营养器官的一部分与母株分离或切割，另行栽植和培养而形成独立生活的新植株的繁殖方法。优点是新植株能保持母本的遗传性状，方法简便，易于成活，成苗较快；缺点是繁殖量小，生产数量有限。

依植株营养体的变异类型和来源不同分为分株繁殖和分球繁殖两种。

①分株繁殖。分株繁殖是将花卉带根的株丛分割成多株的繁殖方法。操作方法简便可靠，新个体成活率高，适于易从基部产生丛生枝的花卉植物。常见的多年生宿根花卉如兰花、芍药、菊花、萱草属、玉簪属、蜘蛛抱蛋属等及木本花卉如牡丹、木瓜、蜡梅、紫荆和棕竹等均可用此法繁殖。

因花卉种类不同，分株的时间各不相同，多在秋季落叶后至翌年早春萌芽前的休眠期进行。一些木本花卉大多宜在早春萌动前分株。而一些肉质根的花卉，如牡丹、芍药等，宜在秋季分株，因为此时土温高于气温，有利于分株后植株根系伤口愈合并萌发新根，有利于植株体的恢复和春季的生长发育。尤其对于一些春季萌芽早、苗期生长快、现蕾开花早的花卉种类，必须在秋季进行分株繁殖，如芍药等“春分到老不开花”。由于春季正值萌发之际，分株后易影响生长发育，因此春季分株不开花。早春开花的宿根花卉，亦适于秋季分株，如萱草、鸢尾等。而菊花、宿根福禄考等多在春季分株。

②分球繁殖。是指利用球根花卉地下部分分生出的子球进行分栽的繁殖方法。球根花卉的地下部分每年都在球茎部或旁边产生若干子球，秋季或春季把子球分开另栽即可。

（4）压条繁殖 压条繁殖是枝条在母体上生根后，再和母体分离成独立新株的繁殖方式。某些花卉，如令箭荷花属、悬钩子属的一些种，枝条弯垂，先端与土壤接触后可生根并长出小植株，是自然的压条繁殖，生产上称为顶端压条。压条繁殖操作繁琐，繁殖系数低，成苗规格不一，难大量生产，但成活率高。故多用于不易扦插、嫁接的植物，有时用于一些名贵、稀有种类或品种上，可保证成活并能获得大苗。压条繁殖通常在早春发芽前进行，经过一个旺盛生长季节即可生根，但也可在生长期进行。只需将枝条埋入土中部分环割

1~3厘米宽，在伤口涂上生根粉后再埋入基质中使其生根。

常用的方法有下列几种：

①普通压条。选用靠近地面而向外伸展的枝条，先进行扭伤、刻伤或环剥处理后，弯入土中，使枝条端部露出地面。为防止枝条弹出，可在枝条下弯部分插入小木叉等固定，再盖土压实，生根后切割分离。如石榴、玫瑰等可用此法。

②波状压条。也叫多段压条，适用于枝梢细长柔软的灌木或藤本。将藤蔓做蛇曲状，一段埋入土中，另一段露出土面，如此反复多次，一根枝梢一次可取得几株压条苗，如紫藤、铁线莲属可用。

③壅土压条。是将较幼龄母株在春季发芽前近地表处截头，促生多数萌枝。当萌枝高10厘米左右时将基部刻伤，并培土将基部1/2埋入土中，生长期中可再培土1~2次，培土共深15~20厘米，以免基部露出。至休眠分出后，母株在翌年春季又可再生多数萌枝供继续压条繁殖，如贴梗海棠等常用此法繁殖。

④高枝压条。始于我国，故又称中国压条，适用于大树及不易弯曲埋土的情况。先在母株上选好枝梢，将基部环割并用生根粉处理，用苔藓或其他保湿基质包裹，外用聚乙烯膜包密，两端扎紧即可。一般植物2~3个月后生根，最好在进入休眠后剪下。杜鹃花、山茶、桂花、米兰、蜡梅等常用这种方法繁殖。

（5）孢子繁殖 孢子繁殖适用于没有两性生殖器官，叶背能产生孢子的蕨类植物。

蕨类植物孢子繁殖时，孢子体上有些叶的背面出现成群的孢子囊，这类叶子称为孢子叶，其他叶称为营养叶。孢子成熟后，孢子囊开裂，散出孢子。孢子在适宜的条件下萌发生长为微小的配子体，又称原叶体，其上的精子器和颈卵器同体或异体而生，大多生于叶状体的腹面。精子借助外界水的帮助，进入颈卵器与卵结合，形成合子。合子发育为胚，胚在颈卵器中直接发育成孢子体，分化出根、茎、叶，成为观赏的蕨类植物。

蕨类植物孢子繁殖的方法是：当孢子囊群变褐，孢子将散出时，给孢子叶套袋，连叶片一起剪下，在20℃下干燥，抖动叶子，帮助孢子从囊壳中散出，收集孢子。然后把孢子均匀撒播在浅盆表面，盆内以2份泥炭藓和1份珍珠岩混合作为基质。也可以用孢子叶直接在播种基质上抖动散播孢子。以浸盆法灌水，保持清洁并盖上玻璃片。将盆置于20~30℃的温室庇荫处，经常喷水保湿，3~4周“发芽”并产生原叶体。此时第一次移植，用镊子夹出一小片原叶体，待产生出具有初生叶和根的微小孢子体植物时再次移植。

（6）组织培养繁殖 花卉的组织培养是利用花卉的离体器官、组织或细胞，在无菌和适宜的培养基及光照、温度等条件下，形成完整植株的技术。组织培养繁殖技术要求高，需要严格的条件，设备成本比较高，对家庭养花者来说一般不采用。

（五）花期调控

花卉栽培生产中，为满足观赏及市场需要，采用人工的方法，使花卉提前或延后开花称为花期调控。使花期比自然花期提前的栽培方式称为促成栽培；使花期比自然花期延后的栽培方式称为促成抑制栽培。花期调控的技术途径有以下几种。

1. 一般园艺措施

（1）调节播种期 不需要特殊环境诱导，在适宜的生长条件下，只要生长到一定大小即可开花的植物种类可以通过改变播种期来调节开花期。多数一年生草本花卉属于中间性植物，对光周期没有严格的要求，在温度适宜生长的地区或季节采用分期播种，可在不同时期开花。如翠菊的矮性品种于春季露地播种，6~7月开花，7月播种，9~10月开花；于温室 2~3月播种，则 5~6月开花。一串红的生育期较长，春季晚霜后播种，可于 9~10月开花；2~3月在温室育苗，可于8~9月开花；8月播种，入冬后假植、上盆，可于翌年4~5月开花。

二年生花卉需在低温下形成花芽。在温度适宜的季节或冬季保护地栽培条件下，也可调节播种期使其在不同时期开花。金盏菊在低温下播种30~40天开花，自7~9月陆续播种，可于12月至翌年5月陆续开花。紫罗兰12月播种，翌年5月开花；2~5月播种，则6~8月开花；7月播种，则翌年2~3月开花。

（2）采用修剪、摘心、抹芽等栽培措施 月季、茉莉、香石竹、倒挂金钟、一串红等多种花卉，在适宜条件下一年中可多次开花。通过修剪、摘心等技术措施可以预定花期。月季从修剪到开花的时间，夏季40~45天，冬季50~55天。9月下旬修剪可于翌年1月中旬开花，1月中旬修剪可于12月开花，不同植株分期修剪可使花期相接。一串红修剪后发出的新枝约经20天开花，4月5日修剪可于5月1日开花，9月5日修剪可于国庆节开花。荷兰菊在短日照期间摘心后萌发的新枝经20天开花，在一定季节内定期修剪可定期开花。

（3）肥水控制 通常氮肥和水分充足，可促进营养生长而延迟开花，增施磷、钾肥有助抑制营养生长而促进花芽分化。菊花在营养生长后期追施磷、钾肥可提早开花约1周。能连续发生花蕾，总体花期较长的花卉，在开花后期增施营养可延长总花期。如仙客来在开花近末期增施氮肥可延长花期约1个月。

干旱的夏季，充分灌水有利于生长发育，促进开花。如在干旱条件下，当唐菖蒲抽穗期充分灌水，可提早开花约1周。

在休眠期或花芽分化期，可通过肥水控制迫使植物休眠或促进花芽分化。如桃、梅等花卉在生长末期，保持干旱，使自然落叶，强迫其休眠，然后再给予适宜的肥水条件，可使其在10月开花。

2. 温度处理 温度处理调节花期主要是通过温度的作用调节休眠期、成花诱导与花芽形成期、花茎伸长期等主要进程而实现对花期的控制。大部分越冬休眠的多年生草本和木本花卉以及越冬呈相对静止状态的球根花卉，都可采用温度处理的方法调节花期。

（1）增温催花 适用于入室前已完成花芽分化过程或入室后能够完成花芽分化过程的植物种类。保护地提供适当的生长发育条件，通过升温可达到提前开花的目的。这种方法适应范围较广，包括露地经过春化的草本、宿根花卉，如石竹、桂竹香等；春季开花的低温温室花卉，如天竺葵；南方的喜温花卉，如非洲菊等；经过低温休眠的露地花木，如牡丹、杜鹃等。开始加温的日期要根据植物生长发育至开花所需要的天数而定。温度是逐渐升高的，一般用15℃的夜温，25~28℃的日温，初加温时，每天要在植物的枝干上喷水。

①直接加温催花。入室前已完成花芽分化的种类，如瓜叶菊、山茶、蜡梅等，升温可以使花期提前。

②入室前经过预处理。部分花卉如郁金香、百合等，在室内加温前需一个低温过程完成花芽分化和休眠，然后再入室加温处理。应结合休眠控制等手段来调节花期。

③四季能进行花芽分化的花卉，如月季、茉莉等，只要满足生长条件，即可周年开花。

④高温打破休眠。有时加温可以打破部分植物的休眠，常用的方法是温水浴法，即把植株或植株的一部分浸入温水中，水温一般为30~35℃。如30~35℃温水处理丁香、连翘的枝条，几个小时可解除休眠。

（2）降低温度

①休眠控制。多数植物都有低温休眠的特性，通过控制休眠来控制花期。常用低温的方法使花卉在较长的时间内处于休眠状态，达到延迟花期的目的。

处理温度一般为1~3℃，常有一个逐渐降温的过程。在低温休眠期间，要保持根部适当湿润。根据需要开花的日期、植物种类和当时的气候条件，推算出低温后培养至开花的天数，来决定低温停止处理的日期。一般在开花前20天左右移出冷室，逐渐升温、喷水和增加光照，施用磷、钾肥。这种方法管理方便，开花质量好，延迟花期时间长，适用范围广。包括各种耐寒、耐阴的宿根花卉、球根花卉及木本花卉，牡丹、梅花、山茶等都可用此法调节花期。

休眠器官经一定时间的低温作用后，休眠即被解除，再转入生长的条件，就可控制花期。牡丹在落叶后挖出，经过1周的低温贮藏，温度为1~5℃，再进入保护地加温催花，元旦可上市。对于高温休眠的种类，如郁金香、仙客来等用5~7℃的低温处理种球可打破休眠并诱导和促进开花。

②低温春化。二年生花卉、球根花卉，在生长发育中需要一个低温春化过程才能抽薹开花，如毛地黄、桔梗等；对秋播花卉，若改变播种期至春季，在种子萌发后的幼苗期给予0~5℃的低温，使其完成春化阶段，才可正常开花；秋植球根也需要一个6~9℃的低温才能使花茎伸长，如风信子、水仙等；某些花木须经0℃的低温，强迫其通过休眠阶段后，才能开花，如桃花等。

③低温延缓生长。采用降温的方法延长花卉的营养生长期达到延迟开花的目的。降温通常逐渐进行，最后保持在2~5℃。如盆养水仙，用4℃以下的冷水培养，可推迟开花。但这种方法在生产中不常用，因为延缓生长意味着产量下降。

另外，很多原产于夏季凉爽地区的花卉，在夏季炎热的地区生长不好，也不能开花。生长期温度应控制在28℃以下，这样植株处于继续活跃的生长状态中才能持续开花。如仙客来、天竺葵等。

3. 光周期处理 光周期处理的作用是通过光照处理促进花芽分化、成花诱导、花芽发育和打破休眠。对于长日照花卉，在日照短的季节用灯光补光，能提早开花，相反给予短日照处理即抑制开花。对于短日照花卉，在日照长的季节，进行遮光短日照处理，促进开花，相反给予长日照处理，就抑制开花。

（1）光周期处理时期的计算 光周期处理开始的时期，是由植物临界日照长度小时数和所在地的地理位置决定的。如北纬40°，在10月初至3月初的自然日照长度12小时，对临界日照长度12小时的长日照植物自10月初至3月初需要进行长日照处理。

（2）长日照处理 用于长日照花卉的促成栽培和短日照性花卉的抑制栽培。

①方法。长日照处理的方法有多种，如彻夜照明法、延长明期法、暗中断法、间隙照明法、交互照明法等。目前生产上应用较多的是延长明期法和暗中断法。

延长明期法是在日落后或日出前给予一定时间的照明，使明期延长到该植物的临界日长小时数以上。较多采用的是日落后作初夜照明。

暗中断法，也称“夜中断法”或“午夜照明法”。在自然长夜的中期（午夜）给予一定时间照明，将长夜隔断，使连续的暗期短于该植物的临界暗期小时数。通常夏末、初秋和早春夜照明小时数为1~2小时，冬季照明小时数为3~4小时。

②长日照处理的光源与照度。照明光源通常用白炽灯或荧光灯。不同植物适用的光源有所差异。菊花等短日照植物多用白炽灯，因白炽灯含远红外光比荧光灯多；锥花丝石竹等长日照植物多用荧光灯。也有人提出，短日照植物叶子花在荧光灯和白炽灯组合的照明下发育更快。

不同植物种类照明的有效临界光照强度有所不同。紫菀在10勒克斯以上，菊花需50勒克斯以上，一品红需100勒克斯以上有抑制成花的长日效应。50~100勒克斯也常是长日照植物诱导成花的光强。锥花丝石竹长日照处理采用午夜4小时中断照明时，随照明强度增加有促进成花的效果，但是超过100勒克斯后效果即不明显。有效的照明强度常因照明方法而异。菊花抑制栽培，采用午夜闪光照明法时，1∶10（分钟）的明暗周期需要 200勒克斯可起长日照效应，而2∶10（分钟）的明暗周期则 50勒克斯即可有效。

植物接受的光照度与光源安置方式有关。100瓦白炽灯相距1.5~1.8米时，其交界处的光照度在 50勒克斯以上。常用的方式是100瓦白炽灯相距1.8~2米，距植株高度为1~1.2米。如果灯距过远，交界处光照不足，长日照植物会出现开花少、花期延迟或不开花现象，短日照植物则出现提前开花、开花不整齐等弊病（表1）。

表1　不同功率白炽灯的有效面积

功率（瓦）	有效半径（米）	有效面积（平方米）
50	1.4	6.2
100	2.2	15.2
150	2.9	26.4

另有一类植物对日长条件的要求随温度不同而有很大变化。例如，万寿菊在高温条件下短日照开花，但温度降低时（12~13℃）只能在长日照条件下开

花。报春花在低温条件下，长日照和短日照都能诱导成花；当温度增高则仅在短日照中诱导成花。其花芽发育则都以高温长日照中得到促进。叶子花在高温和短日照中诱导成花，而15℃中温则长日照与短日照均能诱导成花。

（3）短日照处理 用于短日照性花卉的促成栽培和长日照性花卉的抑制栽培。

在日出之后至日落之前利用黑色遮光物，如黑布、黑色塑料膜等对植物进行遮光处理，使日长短于该植物要求的临界小时数的方法称为短日照处理。每天遮光处理时间的小时数不能超过临界夜光的小时数太多，否则会影响正常的光合作用，从而影响开花质量；如一品红的临界日长为10小时，经30天以上短日照处理可诱导开花，其作短日照处理时日长不宜少于8小时。另外，临界日长受温度的影响而改变，温度高时临界日长小时数相应减少；遮光程度保持低于各类植物的临界光照强度，一般不高于22勒克斯，特殊花卉有不同要求，菊花应低于7勒克斯，一品红应低于10勒克斯；不同品种需要遮光日数不同，通常为35~50天。短日照处理以春季及初夏为宜，夏季做短日照处理，在覆盖物下易出现高温危害或降低花品质。为减轻短日照处理可能带来的高温危害，应采用透气性覆盖材料；在日出前和日落前覆盖，夜间揭开覆盖物，与自然夜温相近。一般短日照遮光处理多遮去傍晚或早晨光，遮去早晨的阳光，开花偏晚，以遮去傍晚的阳光为好；另外，植物已展开的叶片中，上部叶比下部叶对光照敏感。因此在检查时应着重注意上部叶的遮光度。

4. 应用植物生长调节剂 植物生长调节剂包括生长素类、赤霉素类、细胞分裂素类、脱落酸、乙烯等植物激素及植物生长延缓剂和植物生长抑制剂。花卉开花调节中，用于打破休眠，促进茎叶生长，促进成花、花芽分化和花芽发育。常用的药剂有赤霉素（GA_3）、萘乙酸（NNA）、2，4-D、比久（B_9）、矮壮素（CCC）、吲哚乙酸（IAA）、β-羟乙基肼（BOH）、秋水仙素、马来酰肼（MH）、脱落酸（ABA）等。

（1）应用方法

①促进诱导成花。矮壮素、比久可促进多种植物的花芽形成。矮壮素浇灌盆栽杜鹃与短日照处理相结合，比单用药剂更为有效。有些养花者在最后一次摘心后5周，叶面喷施矮壮素1.58%~1.84%溶液可促进成花。应用0.25%比久溶液在杜鹃摘心后5周喷施叶面，或以0.15%溶液喷施2次，间隔1周有促进成花作用。比久可促进桃等木本花卉花芽分化，在7月，以0.2%溶液喷施叶面，促使新梢停止生长，从而增加花芽分化数量。乙烯利、乙炔、β-羟乙基肼对

凤梨科的多种植物有促进成花作用，凤梨科植物的营养生长期长，需2.5~3年才能成花。以0.1%~0.4%β-羟乙基肼溶液浇灌叶丛中心，在4~5周可诱导成花，之后在长日照条件下开花，对果子蔓属、水塔花属、光萼荷属、彩叶凤梨属等有作用。田间生长的荷兰鸢尾喷施乙烯利可提早成花并减少盲花百分率。赤霉素对部分植物种类有促进成花作用。细胞分裂素对多种植物有促进成花效应，激动素可促进金盏菊及牵牛花成花。

②诱导打破休眠。常用的有赤霉素、激动素、吲哚乙酸、萘乙酸、乙烯利等。

10~12月用100×10^{-6}赤霉素处理桔梗的宿根，可代替低温，打破休眠。通常用一定浓度的（10~100）$\times10^{-6}$赤霉素喷洒花蕾、生长点、球根、雌蕊或整个植株，可促进开花。也可用快浸和涂抹的方式，处理的时期在花芽分化期，对大部分花卉都有效。宿根花卉芍药的花芽需经低温打破休眠，5℃下至少需经10天。促成栽培前用赤霉素10毫克/升处理可提早开花并提高开花率。

③促进花芽分化。促进花芽分化与解除休眠是一致的。促进生长，提早开花。赤霉素、激动素、乙烯利、萘乙酸、马来酰肼等在生长期喷洒或涂抹球根、生长点、芽等部位会促进侧芽萌发、茎叶生长与提早开花。

④抑制生长，延迟开花。常用生长抑制剂喷洒处理。三碘苯甲酸（TIBA）0.2%~1%溶液，矮壮素0.1%~0.5%溶液，在生长旺盛期处理植物，可明显延迟花期。

（2）应用特点

①相同的药剂对不同植物种类、品种的效应不同。如赤霉素对一些植物，如花叶万年青有促进成花作用，而对多数其他植物，如菊花等则具有抑制成花作用。相同的药剂因浓度不同而产生不同的效果。如生长素低浓度时促进生长，而高浓度则抑制生长。相同药剂在相同植物上，因不同施用时期而产生不同效应。如吲哚乙酸对藜的作用，在成花诱导之前应用可抑制成花，而在成花诱导之后应用则有促进开花的作用。

②施用方法。易被植物吸收、运输的药剂如赤霉素、比久、矮壮素，可用叶面喷施；能由根系吸收并向上运输的药剂如嘧啶醇、多效唑（PP_{333}）等，可用土壤浇灌；对易于移动或需在局部发生效应时，可用局部注射或涂抹，如6-苄基腺嘌呤（6-BA）可涂于芽际促进落叶，为打破球根休眠可用浸球法。

③环境条件的影响。有的药剂以低温为有效条件，有的则需高温；有的需在长日照条件中发生作用，有的则需短日照相配合。此外，土壤湿度、空气相对湿度、土壤营养状况以及有无病虫害等都会影响药剂正常效应。

（六）花卉病虫害的防治

养花的过程中常会遇到各种病虫害，引起花卉发病的原因较多，危害各异。因此，家庭养花对病害防治要做到预防为主，综合防治，对症下药。

1. 防治的原则

（1）选择无病和抗病品种 选择无病虫害的花卉，是防治控制病虫害的重要一环，严禁把带有病虫害的花卉带入家庭种植管理，以免影响原有花卉生长。另外，选择抗病性品种是防治和控制病虫害最经济、最有效的方法。

（2）深翻、换土、培土 家庭室内栽培管理花卉，深翻可以将潜伏在花盆土壤中的幼虫、蛹、卵等翻到地面而增加其死亡率，而且还可以进行人工捕杀。培土可以将浅土中的病菌和残叶埋入深土层，使其丧失生命力，同时可增加土壤养分。换土，可以将花盆中的带病土壤移换走，提高土壤肥力，有利于花卉健壮成长。

（3）合理施肥，适量浇水 合理施肥是指施用氮、磷、钾的比例适当，防止偏施过多的氮肥，引起枝叶徒长，易遭病虫害，同时应注意施用充分腐熟的人粪尿和有机质肥料。浇水要适时适量，过多，使花盆土壤处于缺氧状态，容易烂根，根系发育受阻；过少，影响花卉生长，易黄叶、枯萎。

（4）及时除草，适期修剪 杂草不仅与花卉争夺养分，影响通风透气，妨碍生长，影响观赏，而且还是一些病菌和害虫繁殖的场所。及时除草，创造适宜的环境条件，减少非侵染性病害的发生；花木修剪，剪除病枝、枯枝、残枝，集中销毁，以免二次感染，而且减少病原菌、害虫的数量。

（5）物理防治控制，化学防治结合 利用害虫的某一种趋性（如趋光性）、假死性或其他特性，进行人工诱杀和捕杀，消灭病虫。对于已染病的花卉植株，由于家庭条件的限制，有中毒的危险及污染环境的问题，应掌握时机，对症下药，适量喷施，防止药害和植株过敏。也可使用对环境污染较少的无公害农药或自制杀虫剂。

2. 病害防治的方法

（1）生理病害 由非生物因素如温度、湿度、土壤、肥料等环境因素不适引起，造成花卉生理失常，产生病变，常表现叶变色、发黄，叶尖叶缘枯焦，落叶，落花，落果等。只要改变环境因素，病症就会缓解，花卉渐渐健壮成长，这种情况不宜用药物处理。

（2）真菌病害防治

①白粉病、炭疽病、黑斑病、褐斑病、叶斑病、灰霉病等。一是合理施肥与浇水，注意通风透光；二是早春或深秋清除枯枝落叶并及时剪除病枝、枯叶烧毁；三是预防时可喷洒65％代森锌600倍液保护；四是发病初期喷洒50％多菌灵或50％甲基托布津500~600倍液，或75％百菌清600~800倍液。

②煤烟病。一是发病后用清水擦洗患病枝叶，喷洒50％多菌灵500~800倍液；二是避免积水。

③锈病。除可采用上述方法外，发病后喷洒97％敌锈钠250~300倍液（加0.1％洗衣粉），或25％粉锈宁1 500~2 500倍液。

④白绢病、菌核病。一是使用1％福尔马林溶液或用70％五氯硝基苯处理土壤，用五氯硝基苯5~8克/米^2，拌30倍细土施入土中；二是选用无病种苗或栽植前用70％甲基托布津500倍液浸泡10分钟；三是浇水要合理，避免积水。

⑤立枯病、根腐病。一是土壤消毒，用1％福尔马林溶液处理土壤或将培养土放锅内蒸1小时；二是避免积水；三是发病初期用50％代森铵300~400倍液浇灌根际，用药液2~4千克/米^2。

（3）细菌病害防治

①软腐病。一是盆栽花卉最好每年换1次新培养土；二是发病后及时用敌克松600~800倍液浇灌病株根际土壤。

②细菌性穿孔病。一是发病前喷65％代森锌600倍液预防；二是及时清除受害部位并烧毁；三是发病初期喷50%退菌特800~1 000倍液。

③根癌病。一是栽种时选用无病菌苗木，或用五氯硝基苯处理土壤；二是发病后立即切除病瘤，并用0.1％汞溶液消毒。

（4）病毒病防治 病毒通过昆虫、嫁接、插秆和修枝等机械损害而侵染，花卉得病后，病症主要有花叶、枯斑、叶片黄化、畸形、丛株等。这些病毒寄生在种子、病体残株、土壤和昆虫体内越冬。防治病毒病更需以预防为主，综合防治。首先，土壤消毒，可用火烧土或福尔马林（40％）稀释50~300倍，喷湿土后用塑料薄膜覆盖，5天后打开翻动，过3天后用作花卉盆土；其次，是温热处理，如一般种子可用50~55℃温汤浸10~15分钟；三是选择耐病和抗病优良品种，是防治病毒病的根本途径；四是适期喷洒40％乐果乳油1 000~1 500倍液，消灭蚜虫、粉虱等传毒昆虫；五是发现病株及时拔除并烧毁，接触过病株的手和工具要用肥皂水洗净，预防人为的接触传播；六是铲除杂草，减少病毒侵染源。另外，注意通风透光，合理施肥浇水，促进花卉生长健壮，都可减轻病毒病害。

3. 虫害的防治方法

（1）食叶害虫 具有咀嚼式口器的害虫咬食叶片。天蛾、凤蝶等幼虫取食后，叶缘形成缺刻状。蓑蛾和部分叶甲幼虫取食后，叶片出现穿孔。把叶片咬成灰白色透明网状，多是刺蛾（痒辣子）幼虫为害。咬食叶片，仅留下粗叶脉，多是叶蜂幼虫为害。把花、花蕾、叶片咬成残缺不全，甚至吃光仅留下叶柄，多为金龟子为害。潜叶蛾、潜叶甲、潜叶蝇为害叶片，可出现潜痕花纹。防治食叶害虫，可选用胃毒剂和触杀剂。常用的药剂如：敌百虫1 000倍液、80%敌敌畏乳油1 000~1 500倍液、40%乐果乳油1 000~1 500倍液。

（2）吸汁害虫 具有刺吸式口器的害虫，专吸食枝叶的汁液。为害嫩叶、嫩梢，造成叶片卷曲、皱缩；若叶、梢上有许多像蜜一样很黏稠的油质分泌物，多是蚜虫、白粉虱为害。叶片被红蜘蛛为害形成黄褐色点状斑，被叶蝉为害形成黄白色小方块状斑，被介壳虫为害形成黄色或红色块状斑。防治吸汁害虫，应选用触杀剂和内吸剂。常用的药剂如：40%氧化乐果乳油1 000~1 500倍液，20%三氯杀螨醇乳油800~1 000倍液。对介壳虫，应重视人工防治，喷药要在孵化期，同时喷1 000倍液的洗衣粉。

（3）蛀干害虫 最常见的蛀干害虫是天牛。可以捕杀成虫，敲死虫卵，用50%杀螟松150~300倍液喷树干（幼虫为害早期），用40%氧化乐果乳油100倍液注射虫道并用湿泥密封虫孔（幼虫深蛀木质层时）。

（4）地下害虫 园地常见地下害虫有蛴螬（金龟子的幼虫）、地老虎等，在盆花栽培中很少见到，发现时可换盆加以清除。

（七）防治病虫害的药剂与配制

1. 农药配制使用原则 农药配制使用中要做到安全、高效、经济原则。安全，指要做到防止中毒、避免花卉药害、控制农药残留、推广无公害农药，保护有益生物。高效，指要做到能有效控制有害生物的为害，防治效果好；要选用对口农药、选用关键时机用药、选用有效剂量和正确的施药方法。经济，指要讲究经济效益，以最小的成本投入，获得最大的效果；做到防治准确用药、讲究施药技术，选用防效较好，成本较低的农药。

2. 农药的类型

（1）杀虫剂 杀虫剂是用来防治各种害虫的药剂，有的还可兼有杀螨作用，如敌敌畏、乐果、杀虫脒、杀灭菊酯等农药。它们主要通过胃毒、触杀、熏蒸和内吸四种方式起到杀死害虫作用。

（2）杀螨剂 杀螨剂是专门防治螨类（红蜘蛛）的药剂，如三氯杀螨砜、三氯杀螨醇和克螨特农药。杀螨剂有一定的选择性，对不同发育阶段的螨防治效果不一样，有的对卵和幼虫或幼螨的触杀作用较好，但对成螨的效果较差。

（3）杀菌剂 杀菌剂是用来防治植物病害的药剂，如波尔多液、代森锌、多菌灵、粉锈宁、克瘟灵等农药。主要起抑制病菌生长，保护植物不受侵害和渗进作物体内消灭入侵病菌的作用。大多数杀菌剂主要是起保护作用，预防病害的发生和传播。

（4）植物生长调节剂 植物生长调节剂是专门用来调节植物生长、发育的药剂，如萘乙酸、赤霉素、矮壮素、乙烯利等农药。这类农药具有与植物激素相类似的效应，可以促进或抑制植物的生长、发育。

（5）杀线虫剂 适用于防治各种线虫。杀线虫剂由原来的有兼治作用的杀虫、杀菌剂发展成为一类药剂。目前杀线虫剂几乎全部是土壤处理剂，多数兼有杀菌、杀土壤害虫的作用。

3. 农药的配制方法 不同的农药要用不同的配制方法，下面给大家介绍几种简单的农药配制方法。

（1）颗粒剂农药配制 稀释时可用干燥的沙土或中性化肥作填充料按一定比例搅匀即可。

（2）可湿性粉剂农药配制 先用少量水配制好较为浓稠的母液，然后再倒入盛有水的容器中进行最后稀释。但应注意所需的水量要与理论用水量相等。

（3）粉剂农药配制 主要是利用填充料进行稀释。先取草木灰、干细泥等，再将所需的粉剂农药混入搅拌，反复添加，直到达到所需倍数。

（4）液体农药配制 在准备好的配药容器内盛好需要的清水，然后将定量的药剂渐渐倒入水中，用木棒轻轻搅匀便可使用。需要配制较多药量时，最好采取两步配制法，即用少量的水将农药原液先配制成母液，再将制好的母液按稀释比例倒入准备好的清水中，充分搅匀，便可使用。

4. 农药配制使用需注意的事项

（1）不要一药连用 常用一种农药易使害虫产生抗药性，降低防治效果，应交替使用不同的农药。

（2）不要用井水进行农药配制 井水含矿物质较多，这些矿物质与农药混合后易产生化学作用，形成沉淀，降低药效。

（3）不要在花期喷药（保花保果类除外） 花期和幼果期，组织幼嫩，抗病力弱，易发生药害，应尽量在花期和幼果期后喷药。

（4）不要在风雨天和烈日下喷药 刮风喷药会使农药粉剂和药液飘散；雨天喷药，药粉、药液易被冲刷，降低药效；烈日喷药，植物代谢旺盛，叶片气孔开张，易发生药害。

5. 病虫害防治小技巧

（1）春季预防 早春各种花卉将进入旺盛的生长季节，此时可在叶面及叶背喷1~3次1%的波尔多液，以防病害。

（2）自制杀虫剂

①取大葱200克，切碎后放入10升水中浸泡一昼夜，滤清后用来喷洒受害植株，每天数次，连续喷洒5天。

②大蒜200~300克，捣烂取汁，加10升水稀释，立即用来喷洒植株。

③烟草末400克，用10升水浸泡两昼夜后，滤出烟末，使用时再加水10升，加肥皂粉20~30克，搅匀后喷洒受害花木。

④水10升，草木灰3千克，浸泡三昼夜后，即可喷洒植株。

五 家庭四季养花计划

花卉栽培与气候有密切关系，应根据本地的条件因地制宜。我国地域广阔，各地气候有较大差异，冬季南北温度相差悬殊，夏季则相差无几。因此，家庭养花要根据本地和家庭条件，选择适宜的花卉，制订自己的养花计划。以下的四季养花计划，可作为参考。

（一）春季养花计划

1. 春季气候状况 在3月，大部分地区平均气温10℃以上，最低温度都高于0℃；降水增加，湿度加大；植物发芽，开花种类增加，大地已显春意。

4月，一般平均温度15℃以上，最高温度超过30℃，是植物生长季节，大部分植物长出新芽。

5月，平均温度高达20℃，最低温度也在10℃左右，是植物生长的最好季节。

2. 春季适宜的养花种类 3月，最佳观赏的花卉有玉兰、紫玉兰、贴梗海棠、木瓜海棠、垂丝海棠、郁金香、中华石竹、枇杷、李等。

4月，最佳观赏的花卉有牡丹、芍药、樱花、八仙花、木绣球、春兰、紫藤、金鱼草、虞美人、石竹等。

5月，最佳观赏的花卉有月季、栀子、石榴、金银花、大丽菊、牵牛花、蜀葵、兜兰、蟹爪兰、桂竹香、诸葛菜、醉蝶花、翠菊等。

3. 春季花卉的繁殖 3月，播种半支莲、茑萝、凤仙花、牵牛、紫菀、翠菊、蜀葵等夏季开花的植物；嫁接玉兰、荷花玉兰、白玉兰、山茶、桂花、月季、玫瑰等。扦插迎春、月季、五色梅、夹竹桃、四季海棠、红千层等；分株春兰、建兰、蕙兰、鸢尾等。

4月，播种秋季开花的一年生草本花卉。如万寿菊、百日草、波斯菊、唐菖蒲等；扦插昙花、蟹爪兰、令箭荷花、仙人掌、仙人球、秋菊、景天等；分株春兰、蕙兰、建兰、文竹、香雪兰、君子兰等；对玉兰、杜鹃、桂花、垂丝海棠等压条。

5月，扦插桂花、金银花、秋菊等；分株文竹、珍珠梅、美人蕉、玉簪、百合等。

4. 春季花卉的栽培管理 3月，预防早春寒潮、梅雨天气的危害。对月季、玫瑰、芍药、牡丹、虞美人、木香、紫荆、木绣球等施肥；栽植一串红、杜鹃、紫藤、四季海棠、荷花、睡莲、金鱼草、天竺葵、香石竹、中华石竹、美女石竹、牵牛、雪松等。

4月，加强除草、中耕施肥；收集早春开花后的一年生花卉的种子，如三色堇、香豌豆、瓜叶菊、雏菊等。注意防虫，捕捉或喷洒杀虫剂，注意通风，防止病害。移栽上盆的有夹竹桃、天竺葵、石榴、山茶、红千层、一串红、凤仙花、仙客来、吊钟海棠、木香、杜鹃、栀子、玉兰、荷花玉兰等。

5月，栽植上盆的有百日草、蒲包花、君子兰、石莲、龙舌兰、仙人掌、昙花、五色梅、翠菊等；对兰花、四季海棠等不耐阳的植物适当遮阴，采收上几个月开花的种子。对雏菊、诸葛菜、桂竹香、香豌豆、紫罗兰、羽衣甘蓝、花毛银、石竹等，应加强病虫害的防治，注意通风除湿防止病害，安装夜光灯诱杀蛾类成虫。

（二）夏季养花计划

1. 夏季气候状况 夏季平均温度达25℃，最高达35℃以上，低温不低于15℃，极端温度可达40℃。太阳辐射强烈，湿度较大。在8月下旬，华北以北地区已显凉意。

2. 夏季适宜的养花种类 6月，夹竹桃、玫瑰、大丽菊、半支莲、茉莉、栀子花、荷花、蛇目菊、紫薇、百合、卷丹、山丹、玉簪、沿阶草、珠兰、文殊兰等花卉相继开花，五颜六色。

7月，紫薇、茉莉、美人蕉、晚香玉、半支莲、凤仙花、一串红、米兰、大丽菊、唐菖蒲、吊钟海棠、红千层、芦荟、合欢、蜀葵、醉蝶花、旱金莲、鸡冠花、栀子花、千日红、五色椒等。

8月，茉莉、珠兰、美人蕉、荷花、睡莲、晚香玉、千日红、鸡冠花、万寿菊、唐菖蒲、大丽菊、紫薇、红花酢浆草、兜兰、蕙兰等。

3. 夏季花卉的繁殖 6月，可播种报春花、天竺葵、瓜叶菊等；嫁接秋菊、月季等。7~8月，正值酷暑，多数种类不宜繁殖，但茉莉、扶桑、六月雪、大丽菊可扦插繁殖；龙舌兰、仙人掌等可分株繁殖。在8月下旬，可播种石竹、桂竹香、三色堇、金盏菊等。

4. 夏季花卉的栽培管理 6月，着重加强肥水管理，对播种的幼苗进行间苗，防旱浇水，遮阴防晒；加强虫害的防治，如蚜虫、金龟子、介壳虫等。注意收集春天开花的种子，如虞美人、矢车菊、金鱼草、石竹、桂竹香等。

7月，夏日炎热，注意浇水防旱，宜早晚进行，忌中午浇水；春天开过花的植物如石竹、金鱼草、蜀葵等，继续收集种子。

8月，注意除草、防旱、防涝、遮阴；加强防治虫害；防治月季、兰花等的白粉病、黑斑病。

（三）秋季养花计划

1. 秋季气候状况 刚入秋时，月平均温度在20℃左右，低温到15℃以下，空气湿度减小，昼夜温差加大，早晚见凉。仲秋时，平均气温15℃左右，低温达5℃上下，日照变短，树叶开始变黄脱落。至秋末，月平均气温10℃左右，最低温度0℃左右，多数地方开始有早霜。

2. 秋季适宜的养花种类 9月，桂花、珠兰、木槿、美人蕉、枸杞、松叶菊、金鸡菊、秋葵、除虫菊、一串红、百日草等。

10月，芙蓉、秋菊、一串红、月季、虾衣花等。

11月，适宜观赏室内的观叶植物、温室人工调节花期的花卉、红叶植物如枫叶、槭树、黄栌等。

3. 秋季花卉的繁殖 9月，播种小花樱草、四季海棠、金鸡菊等；扦插贴梗海棠、月季、令箭荷花、秋海棠等；桂花、垂丝海棠等压条；芽接樱花、月季等。10月，可播种香豌豆、桂竹香、石竹等，水仙要分球。秋末时，因气温较低，不宜繁殖。

4. 秋季花卉的栽培管理 9月，采收开过花植物的种子，如鸡冠花、罗汉松、万寿菊、牵牛花、茑萝等；对菊花摘去部分花蕾并加支柱。除治蛾类、天牛等害虫。

10月，开始注意防霜，准备越冬场所。继续采收种子，如一串红、万寿菊等。捕捉害虫的成虫，捡除虫茧、虫囊。

11月，割除宿根、球根花卉地上部分，如美人蕉等；对不耐寒植物如米兰、茉莉、热带花卉等加强防寒措施或搬入温室；挖掘越冬害虫，消除虫卵。

（四）冬季养花计划

1. 冬季气候状况 冬季温度低，南北温度差异巨大。降水量少，空气湿度小。1月，全国各地均为最冷的一个月。

2. 冬季适宜的养花种类 12月，适宜观赏的有瑞香、冬青、枸骨、龙葵、龟背竹、变叶木、广东万年青、仙人掌、竹类等。

1月，春梅、蜡梅、水仙、报春花、春兰、金盏花，以温室花卉、观叶植物如龟背竹、冬青、枸骨、瑞香。

2月，山茶、水仙、迎春、贴梗海棠、瓜叶菊、金盏菊、雏菊、春兰、枸骨、冬青、仙人掌类、竹类。

3. 冬季花卉的繁殖 12月，不宜繁殖。少数种类如芙蓉、贴梗海棠等可扦插。

1月，不宜播种。宜扦插月季、樱花、李、木绣球等。宜分株蜡梅、杜鹃、紫藤等。

2月，播种紫荆、一串红、四季海棠等；扦插扶桑、芙蓉、木绣球、锦葵、木槿、石榴、象牙红等；可压条的有梅花、白玉兰、紫玉兰、桂花、杜鹃、贴梗海棠、垂丝海棠。

4. 冬季花卉的栽培管理 12月，加强防寒措施，温室加温；将大丽菊、晚香玉、唐菖蒲等球根挖出，置室内沙中贮存越冬；修剪木本花卉，剪除病虫枝、老弱枝和稠密枝；摘除虫茧、虫囊、虫卵。

1月，注意检查越冬花卉是否受冻害并及时采取保护措施，加强温室越冬花卉的管理；修剪木本花卉的病枯枝，收集落叶焚烧；栽种石竹、三色堇、金盏花、金鱼草；捡除越冬虫卵、虫茧、虫囊，挖掘土壤里的越冬害虫。

2月，玉兰、桃花、海棠、美女樱、李等定植；金鱼草、香石竹、香豌豆、中华石竹、翠菊、矢车菊、蜀葵、春兰、蕙兰、建兰、大丽菊、天竺葵等上盆或栽植花坛。温室要注意通风，气温升高时停止加温。继续消除冬季害虫，如虫卵、虫囊等。

六 花卉的室内摆放

花卉的室内摆放要遵循以下原则：美学原则，必须通过一定的形式，使其体现构图合理、色彩协调、形式谐和；实用原则，使花卉摆放符合功能要求；还要兼顾经济原则，要根据室内结构、建筑装饰和室内配套器物的水平，选配合乎经济水平的档次和格调。

（一）适宜厅堂摆放的花卉

门厅是居室的入口处，包括走廊过道等。门厅的装饰能给人先入为主的第一印象和感觉，或豪华、浪漫，或规整、庄重，或高雅、简洁，可展现出主人的生活情趣。

居室的门厅空间往往较窄，有的只是一条走廊过道，因此摆花要力求简洁，突出重点。门厅是通过客厅的必经之路，因此要与客厅的摆花相互配合。门厅大多光线较暗淡，需选择耐阴的盆栽，如万年青、兰花、天竺葵、一叶兰等。如果空间狭小，可以在鞋柜衣架上以悬挂方式种植小型藤蔓植物，如吊兰、绿萝、常春藤等，下垂的绿叶给小空间增添活力。总之，该处选配的植物以叶形纤细，枝茎柔软，色彩轻淡为宜，以缓和空间视线。

客厅作为日常起居和接待客人的主要场所，既要形成一个表达热情友好的气氛，又要美观大方，给人留下美好而深刻的印象，是整个居室装饰的重点。它的植物配置要突出重点，切忌杂乱，应力求美观、大方、庄重，同时注意和家具的风格及墙壁的色彩相协调。

要求气派豪华的，可选用叶片较大、株形较高大的马拉巴栗、巴西铁、绿巨人等为主景，给人以潇洒壮观的感觉；要求浪漫情怀的，可选择枝叶婆娑的植物或藤本植物，如散尾葵、黄金葛、绿宝石等为主景；要求典雅古朴的，可选择树桩盆景为主景。但无论以何种植物为主景，都须在茶几、花架、临近沙发的窗框处配上一小盆色彩艳丽、小巧玲珑的植物，如观赏凤梨、孔雀竹芋、观音莲等；或者在几案上配上插花或应时花卉。这样组合既突出客厅布局主题，又可使室内四季常青，充满生机。

面积较大的客厅，可在视野较开阔处设计一组高低错落的组合摆花；面积较小的，用小型盆花或插花点缀就行。若客厅较低，则要慎用悬吊类植物，否则易造成压抑感。

（二）适宜卧室摆放的花卉

卧室的主要功能是睡眠休息，对人们生活质量影响较大。理想的环境应该是一个宁静、舒适、整洁、温馨的天地，花卉装饰应掌握色淡、微香。色淡可造成一个雅洁的环境，显得宁静；微香有温馨甜蜜催眠入睡的功能。卧室摆放的花卉不宜多。如在衣柜顶上放一盆纤细轻盈的铁线蕨或密叶天门冬；床头放上一盆插花；在靠窗处春放一盆含笑，夏摆一盆茉莉，秋置一盆米兰，冬缀一盆水仙；如果空间许可，也可在地面摆设造型规整的植物，如喜林芋、巴西铁等。此外，也可根据居住者的年龄、性格等选配植物。

（三）适宜书房摆放的花卉

书房是读书、写作，有时兼作接待客人的地方。为便于人们专心致志地潜心思考学习，书房装饰应力求明净、清新、雅致、整洁，创造一个安宁、优雅并带有一点古朴和勤奋的感觉。所以书房的植物布置不宜过于华丽醒目，要选择色彩淡雅、株形中等的植物，体现含而不露的风格。一般可在写字台上摆设一盆轻盈秀雅的文竹、冷水花、网纹草等，以调节视力，缓和疲劳；选择黄金葛、常春藤、金鱼藤、吊竹梅等株形下垂的悬垂植物挂在墙角，或自书柜顶端飘然而下；也可在适宜位置摆上一盆攀附性植物，如黄金葛、喜林芋等；或在书桌旁摆放一盆竹子或棕榈类，这样会使你感到置身在一个幽静环境中。另外，书房中的博古架体现主人的个性爱好，将一些微型盆景或小巧花卉跟其他艺术品一起陈列摆放，雅趣十足。

（四）适宜餐厅摆放的花卉

餐厅是家人或宾客吃饭或聚会的场所，装饰时应以甜美、洁净为主题，可以适当摆放色彩明快的室内观叶植物。餐厅摆花要根据空间的大小，同时要充分考虑节约面积，以立体装饰为主，原则上选择株形较小的植物。餐厅周围可摆设几株小巧玲珑、碧绿的室内观叶植物，如观赏凤梨、豆瓣绿、龟背竹、百合草、孔雀竹芋或色彩缤纷的大、中型花卉为宜。可按不同季节更换，如春用兰花，夏种紫苏，秋选菊花，冬用一品红等。餐桌上花卉要少而精，不宜繁杂，色彩、大小要与餐桌协调。总之，餐厅摆花要使人精神振奋，增加食欲。

（五）适宜儿童房摆放的花卉

儿童房摆放的花卉要适合儿童的喜好、特点，突出鲜艳色彩，用简洁、明快的手法创造舒适、实用的独立空间。利用花卉把自然引入室内，培养儿童健康的心理素质。花卉要选择色彩鲜艳、叶形奇特、趣味性强的，如彩叶草、仙客来、三色堇、捕虫草，再选配动物造型或可爱造型的容器，以培养儿童热爱自然的情趣。尽量少用如月季、玫瑰等多刺植物，不用如花叶万年青、虎刺梅等有毒植物，少用有气味的植物如五色梅、天竺葵等，大型、浓香植物如九里香、散尾葵、迷迭香等也要少用。

（六）适宜阳台摆放的花卉

阳台是一个视野广阔、眺望远方的地方，是室内外整合的地方，可使居室接受新鲜的空气、阳光，给居室带来活力。在设计和选材上，必须考虑光照和风向等因素的影响。总的布置应从三个方面考虑：一是栏杆上的花台，应作为主景布置，力求美观大方，且富有季节感。人们通常喜欢在这里摆设多种盆花，似乎品种越多越显得好看；其实不然，品种多，植株高矮不齐，显得杂乱无章。因此最好按花卉色系或开花季节将它们分类分区摆放，能取得较好的效果。二是作为配景，可用蔓性藤本植物，攀爬在竹架或支柱上，形成垂直绿化的景观。这样既有利于缓和强烈的光照，增大湿度，又可赋予线条横竖笔直的窗台以曲线美。三是还可再悬吊1~2盆悬垂植物，让它随风飘荡，更显得婀娜多姿。

如果阳台的面积较小，可利用花架，把植物放在花架上会使观赏角度更好。阳台上的花卉，以阔叶舒展为好，不宜过于高大、茂密以免遮挡阳光。如果阳台面积较大，可考虑用人工花坛或种植箱，内种草花，但要注意数量恰当，色彩协调，宽敞地方还可布置坐椅、花架，点缀络石、扶芳藤、金银花等攀缘植物，使阳台变成一个小花园，成为一道亮丽的风景线。

下篇

家庭养花的主要种类

一　草本花卉

（一）鸡冠花 (*Celosia cristata*)

别名老来红、芦花鸡冠，苋科青葙属植物。

形态特征

一年生草本。茎直立粗壮，上部呈扁平状，具棱状纵沟，分枝少。叶互生，有叶柄，长卵形或卵状披针形，有深红、翠绿、黄绿、红绿等多种颜色。肉穗状花序顶生，呈扇形、肾形、扁球形等。花有白、淡黄、金黄、淡红、紫红、棕红、橙红等色。种子黑色有光泽。花期为6~10月。鸡冠花植株有高型、中型、矮型三种，矮型的只有30厘米高，高的可达2米。

生长习性与管理要点

喜高温、全光照且干燥的环境，较耐旱，不耐寒。短日照诱导开花。喜疏松肥沃、湿润、弱酸性沙质壤土，忌土壤积水。

繁殖方法

用播种繁殖，于4~5月进行。鸡冠花种子很小，播种时加少量细沙均匀撒播，覆土2~3毫米即可，不宜深。发芽适温20℃左右，7~10天可出苗。待苗长出3~4片真叶时可间苗一次，拔除一些弱苗、过密苗，待苗高5~6厘米时带土坨移栽、定植。鸡冠花是直根系，因此不宜多次移栽。

家庭的观赏

鸡冠花高型品种宜做切花、花坛、花镜，矮型品种做盆栽观赏。鸡冠花嫩茎（叶)可食用，鲜美可口，花和种子可入药。

（二）万寿菊(*Tagetes erecta*)

别名臭芙蓉、蜂窝菊、臭菊花，菊科万寿菊属植物。

形态特征

一年生草本。茎粗壮直立。叶对生或互生，羽状全裂，裂片披针形，叶缘背面具油腺，有强臭味。头状花序顶生，花黄色或橘黄色，舌状花有长爪、边缘皱曲。万寿菊按植株的高度可分为：矮型（25~30厘米）常做盆栽，茎秆矮壮，花期较长，主要品种有“发现”、“安提瓜”、“阿特兰斯”等；中型（40~60厘米）常做地栽、盆栽，花期长，植株强壮，不易倒伏，耐长距离运输，主要品种有“印卡”、“丰富”、“甜奶”、“贵夫人”、“皇室”、“奇迹”等；高型（70~90厘米）常做切花及高秆花坛花卉，花梗长，强壮，花朵量大，主要品种有“金币”、“Jubilee”等。

生长习性与管理要点

喜温暖、湿润和阳光充足的环境。生长适温为15~20℃；夏季温度30℃以上，植株徒长，茎叶松散，开花少；10℃以下，能生长但速度减慢，生长周期拉长。为短日照植物；在充足阳光下植株矮壮，花色艳丽；阳光不足，茎叶柔软细长，开花少而小。喜湿又耐干旱，夏季水分过多时，茎叶生长旺盛，影响株形和开花。对土壤要求不严，以肥沃、排水良好的沙质壤土为好。

繁殖方法

（1）播种繁殖　以3~4月为宜。发芽适温为19~21℃，播后7~9天发芽，70~80天后开花。

（2）扦插繁殖　5~6月进行，选择嫩枝作插条，长10厘米左右，插入沙床或泥炭土中，室温19~21℃，插后10~15天生根，扦插苗30~40天可开花。

家庭的观赏

万寿菊叶绿花艳，尤其是金黄色格外显眼、悦目，可用做花坛、花镜或盆栽。叶、花可入药，工业上可提取叶黄素、万寿菊精油。逢年过节，特别是老年人寿辰，人们往往都以万寿菊作礼品馈赠，以示健康长寿。

（三）瓜叶菊(*Pericallis hybrida*)

别名千日莲、瓜叶莲、千里光、瓜子菊，菊科瓜叶菊属植物。

形态特征

多年生草本，多作一二年生栽培。全株被柔毛，茎粗大。叶片大形如瓜叶，皱缩，单叶互生，心脏形卵状，叶缘呈波状有锯齿，叶柄有翼较长；叶面翠绿，背面紫红。花为头状花序，簇生成伞状生于茎顶，舌状花具有各种颜色及斑纹；管状花紫色，少数黄色。花期12月至翌年4月，盛花期为3~4月。瘦果纺锤形。品种极多，大致可分为大花型、星型、中间型和多花型四类，不同类型中又有不同重瓣品种。

生长习性与管理要点

喜凉爽湿润的气候，惧严寒和高温。生长适温为10~15℃；温度低于5℃时植株停止生长；开花的适宜温度为10~15℃，低于6℃时含苞而不开放；温度过高时易徒长。喜阳光充足和通风良好的环境，但忌烈日直射。喜富含腐殖质、排水良好的中性和微酸性沙质壤土，忌干旱，怕积水。

繁殖方法

（1）播种繁殖　瓜叶菊从播种到开花约需6个月，可根据所需花的时间确定播种时间。将种子与少量细沙混合均匀后播在浅盆中，播后覆盖一层细土，以不见种子为宜，播后用浸盆法或喷雾法使盆土完全湿润，然后将播种盆置于阴凉通风处。发芽的最适温度为21℃，1周左右发芽出苗。

（2）扦插或分株繁殖　重瓣品种不易结实，可用扦插或分株繁殖。1~6月，剪取根部萌芽或花后的腋芽做插穗，插于沙中，20~30天可生根，上盆后5~6个月即可开花。亦可用根部嫩芽分株繁殖。

家庭的观赏

瓜叶菊是冬、春时节主要的观花植物之一，其开花整齐，花形丰满，可陈设室内矮几架上，给人以清新宜人的感觉。

（四）金盏菊(*Calendula officinalis*)

别名金盏花、长生菊、[illegible]盏等，[illegible]金盏菊属植物。

形态特征

多年生草本，常作一二年生栽培。株高30~60厘米，全株被毛。单叶互生，椭圆形或椭圆状倒卵形，全缘，上部叶基抱茎。头状花序单生，花径5厘米左右；每朵花的边花为舌状花，中央为筒状花，有黄、橙、橙红、白等色，也有重瓣、卷瓣，绿心、深紫色花心等栽培品种。花期为3~6月。

生长习性与管理要点

喜阳光充足环境，较耐寒，怕热。生长适温为7~20℃，冬季气温10℃以上，会徒长。夏季气温升高，茎叶生长旺盛，花朵变小，花瓣显著减少。土壤以肥沃、疏松和排水良好的沙质壤土为宜。土壤pH值以6.0~7.0最好，这样植株分枝多，开花大而多。

繁殖方法

主要用播种繁殖。常以秋播或早春播种，发芽适温为20~22℃，盆播土壤需消毒，播后覆土3毫米，用浸盆法使盆土完全湿润，7~10天发芽。长出3片真叶时可移栽。也可用扦插繁殖，通常结合摘心工作，把摘下来的粗壮、无病虫害的顶梢作为插穗扦插。

家庭的观赏

金盏菊植株矮生、密集，花色鲜艳夺目，是早春园林中常见的草本花卉，适用于中心广场、花坛、花带布置，也可做为草坪的镶边花卉或盆栽观赏，长梗大花品种可用于切花。金盏菊盆栽可用于窗台、阳台美化和屋旁、阶前点缀。金盏菊抗二氧化硫能力很强，对氰化物及硫化氢也有一定抗性，尤其适合新搬居家的净化空气之用。

（五）雏菊(*Bellis perennis*)

别名春菊、马兰头花、延命菊，菊科雏菊属植物。

形态特征

多年生宿根草本，常作一二年栽培。株高10~20厘米。叶基部簇生，匙形或倒卵形，边缘具皱齿。花茎自叶丛中央抽出，头状花序单生于茎顶；舌状花一轮或多轮，有白色、粉红色、红色或紫色；管状花黄色。瘦果，种子细小，扁平状，灰白色。花期为3~6月。

生长习性与管理要点

喜冷凉气候，忌炎热，在炎热条件下开花不良，易枯死。较耐寒，地表温度不低于4℃可露地越冬。对土壤要求不严，在肥沃、富含腐殖质、湿润、排水良好的沙质壤土上生长良好，不耐水湿。

繁殖方法

常用播种繁殖。南方多在8~9月播种，北方多于春季播种，也可秋季播种。种子发芽适温为22~28℃，播后7~10天出苗，长出2~3片真叶时可移栽。移栽时注意促发侧根，防止徒长。对一些优良品种也可采用分株繁殖。分株在秋季进行，把一盆植株分割成数丛，然后直接上盆养护；也可用一些越冬宿根在春季萌芽前进行分株。

家庭的观赏

雏菊花朵整齐，色彩明媚，可做盆植美化庭院阳台。

（六）天竺葵(*Pelargonium hortorum*)

别名洋绣球、日烂红、洋葵，牻牛儿苗科天竺葵属植物。

形态特征

多年生的草本花卉，株高30~60厘米，全株被细毛和腺毛，有点异味。茎为肉质，基部稍木质化。叶互生，圆形至肾形，通常叶缘内有马蹄纹。伞形花序顶生，花总梗长，花期为5~6月，除盛夏休眠外，环境适宜可不断开花。花有白、粉、肉红、淡红、大红等色，有单瓣、重瓣之分，还有叶面具白、黄、紫色斑纹的彩叶品种。

生长习性与管理要点

原产南非，喜温暖、湿润和阳光充足环境。耐寒性差，怕水湿和高温。适宜肥沃、疏松和排水良好的沙质壤土。

喜冬暖夏凉的气候，冬季室内每天保持10~15℃，夜间温度8℃以上，即能正常开花。但最适温度为15~20℃。冬季浇水不宜过多，要见干见湿。土湿则茎质柔嫩，不利花枝的萌生和开放；长期过湿会引起植株徒长，花枝着生部位上移，叶子渐黄而脱落。喜阳光，若夏季太阳光很强，需要遮阴或放在室内，避免阳光直射，其他时间均应该接受充足的日光照射，每日至少要有4小时的日光照，这样才能保持终年开花。若光照不足，茎叶徒长，花梗细软，花序发育不良；弱光下的花蕾往往花开不畅，提前枯萎。天竺葵不喜大肥，肥料过多会使天竺葵生长过旺不利开花。为使开花繁茂，每1~2周浇1次稀薄肥水，每隔7~10天浇800倍磷酸二氢钾溶液可促进正常开花。为促使分枝较多的天竺葵多开花，要对植株进行多次摘心，以促进其增加分枝和孕蕾。花后及时剪去残败花茎，即可增加株间光照，诱使萌发新叶，抽出新的花茎。

繁殖方法

常用播种和扦插繁殖。

（1）播种繁殖 春、秋季均可进行，以春季室内盆播为好。发芽适温为20～25℃。天竺葵种子不大，播后覆土不宜深，2～5天发芽。秋播，翌年夏季能开花。

（2）扦插繁殖 除6～7月植株处于半休眠状态外，其他时间均可扦插，以春、秋季为好。插条选用顶端长10厘米的枝条。剪取插条后，让切口干燥数日，形成薄膜后再插于沙床或珍珠岩和泥炭的混合基质中。插后放半阴处，保持室温13～18℃，插后14～21天生根，根长3～4厘米时可盆栽。扦插时用0.01%吲哚丁酸溶液浸泡插条基部2秒，可提高扦插成活率和生根率。一般扦插苗6个月开花，即1月扦插，6月开花；10月扦插，翌年2～3月开花。

家庭的观赏

天竺葵喜好有充足阳光的东面或南面窗台，因此，初夏季节盆栽天竺葵可放置在阳台、窗台、书房、卧室进行观赏。秋、冬在全日照、半日照的地点生长良好，放入室内要有散射光，否则落花、落叶很快。

（七）矮牵牛（*Petunia hybrida*）

别名碧冬茄、矮喇叭，茄科矮牵牛属植物。

形态特征

一年生草本，北方常作一年生栽培。茎直立，全株上下都有腺毛。叶卵状，全缘，几乎无柄，互生，嫩叶略对生。花单生于叶腋或顶生，花萼五裂，花冠漏斗状；花瓣变化多，有单瓣、半重瓣、瓣边呈皱波状；花色繁多，有红、紫红、粉红、橙红、紫、蓝、白及复色等。园艺品种一般可分为重瓣和单瓣两类。

生长习性与管理要点

喜温暖和阳光充足环境，不耐寒。生长适温为13~18℃，如低于4℃，植株生长停止，夏季高温35℃时，仍能正常生长。喜干怕湿，在生长过程中，需充足水分，特别夏季高温季节，应在早、晚浇水，保持盆土湿润。但雨水过多，盆土过湿，茎叶容易徒长，花朵褪色，易腐烂。属长日照植物。生长期要求阳光充足，大部分品种在正常阳光下，从播种至开花需100天左右，如果光照不足或阴雨天过多，往往开花延迟10~15天，而且开花少。喜疏松、肥沃和排水良好的微酸性沙质壤土。

繁殖方法

（1）播种繁殖　北方地区宜进行秋播，早春至初夏开花不断。种子在20~22℃条件下10~12天发芽。种子细小，播种盆土要细而平；播种后不必覆土或只覆薄土，播后将盆置浅水中浸透后取出，盆上盖玻璃或塑料薄膜，以保持盆土湿润，出芽后去除覆盖物，真叶4~5片时进行移栽。

（2）扦插繁殖　室内栽培全年均可进行，花后剪取萌发的顶端嫩枝，长6~10厘米，插入沙床，保持温度20~25℃，插后15~20天生根，30天可移栽上盆。

家庭的观赏

矮牵牛花大色艳，花形多变，既可地栽布置花坛，又宜盆植、吊植，美化阳台，点缀居室窗台，故深受人们喜爱。

（八）一串红(*Salvia splendens*)

别名爆竹红、象牙红、西洋红，唇形科鼠尾草属植物。

形态特征

多年生草本，常作一年生栽培。茎直立，光滑，有四棱。叶对生，卵形至心脏形，边缘有锯齿。顶生总状花序，遍被红色柔毛，小花2~6朵，轮生，花冠唇形，花萼钟状，花冠、花萼同色，花萼宿存。花期为7~10月。常见变种有：一串白，花萼和花冠均为白色；一串紫，花萼和花冠均为紫色。

生长习性与管理要点

喜温暖，不耐寒。适宜生长温度为20~25℃；气温5℃以下，叶子会逐渐变黄脱落；温度超过30℃，植株生长发育受阻，花、叶变小，因此，夏季高温期，需降温或适当遮阴。喜光，若光照不足，植株易徒长，茎叶细长，叶色淡绿，如长时间光线差，叶片变黄脱落。开花时缺光，往往花朵不鲜艳、容易脱落。要求疏松、肥沃和排水良好的沙质壤土，要求pH值为5.5~6.0，对用甲基溴化物处理土壤和碱性土壤反应非常敏感。

繁殖方法

（1）播种繁殖 一般以3~6月播种。幼苗具2枚真叶时分栽，盆栽苗高10~15厘米开始摘心，待分枝长10~15厘米再摘心，重复几次可培养半球形株形。

（2）扦插繁殖 以5~8月为宜。选择粗壮充实枝条，长10厘米，插入沙中，保持20℃，插后10天可生根，20天可移栽。一般从扦插至开花约150天，摘心1次，可延缓10天开花，可用摘心来调控花期。

家庭的观赏

一串红株形优美，叶色浓绿，花繁色艳，且花期很长，观赏价值高，为花卉中的佳品，园林绿化中普遍应用，同时也是节日用花的主要品种，广泛应用于花丛、花坛。矮生品种盆栽，用于窗台、阳台美化和屋旁、阶前点缀，色彩艳丽，气氛热烈。

（九）彩叶草(*Coleus blumei* Benth.)

别名五色草、洋紫苏、锦紫苏等，唇形科锦紫苏属植物。

形态特征

多年生草本，作一二年生栽培。全株有毛，茎四棱，多分枝。叶对生，卵圆形，有粗锯齿，两面有软毛；叶有淡黄、桃红、朱红、紫等色彩鲜艳的斑纹。顶生总状花序，花小、浅蓝色或浅紫色。

生长习性与管理要点

喜温暖、湿润和阳光充足环境。光线充足时叶色鲜艳，但夏季高温时需稍加遮阴。要求疏松肥沃、富含腐殖质和排水良好的沙质壤土。

繁殖方法

常用播种和扦插繁殖。扦插繁殖春、夏、秋三季都可进行，结合修剪、摘心用嫩枝扦插，插后于阴凉处养护，温度15~20℃时，约10天即可发根。播种繁殖，播种通常在3~ 4 月进行。彩叶草种子较小，覆土要薄，用浸盆法给水，播后 1 周左右出苗。

家庭的观赏

彩叶草叶色鲜艳明亮，极富变化，亦可以中小型盆栽，置于矮几和窗台上欣赏。

（十）三色堇 (*Viola tricolor*)

别名蝴蝶花、人面花、猫脸花、阳蝶花，堇菜科堇菜属植物。

形态特征

多年生草本，常作一二年生栽培。株高10~30厘米，分枝较多。叶互生，基部叶有长柄，叶片近心形，茎生叶矩圆状卵形或宽披针形，叶缘疏生锯齿。花大，直径为3.5~6厘米，每个茎上有3~10朵；花梗稍粗，单生叶腋。花期为4~6月，蒴果椭圆形。三色堇花的色彩繁多，除一花三色外，还有纯白、纯黄、纯紫、紫黑等。另外，还有黄紫、白黑相配及紫、红、蓝、黄、白多彩的混合色等。从花形上看，有大花形、花瓣边缘呈波浪形及重瓣形。

生长习性与管理要点

喜凉爽，较耐寒。在昼温15~25℃、夜温3~5℃的条件下发育良好。昼温若连续在30℃以上，则花芽消失，或不形成花瓣。日照不良，开花不佳。喜肥沃、排水良好、富含有机质的中性壤土或黏壤土。

繁殖方法

多用播种繁殖，为保留优良品种的特性，也可在初夏时用扦插或压条繁殖。三色堇可四季播种，全年开花。种子发芽最适温度为18~22℃，播种一般以9月为好，这样早春即可开花。扦插3~7月均可进行，以初夏为最好。一般剪取植株中心根茎处萌发的短枝作插穗比较好，扦插后2~3周即可生根，成活率很高。压条繁殖，也很容易成活。

家庭的观赏

三色堇是冬、春季节优良的花台、花坛材料，也可盆栽供人们欣赏。

（十一）紫茉莉（*Mirabilis jalapa*）

别名草茉莉、烧汤花、苿牛花、夜来香，紫茉莉科紫茉莉属植物。

形态特征

多年生草本，作一年生栽培。株高约1米，主茎直立，侧枝散生，节部膨大。叶对生，卵形或心脏形。花数朵顶生，萼片呈花瓣状，花冠漏斗形，边缘有波状浅裂，但不分瓣，香味。花色有白、黄、红、粉、紫，并有条纹或斑点状复色，有香味。坚果卵圆形，黑色，表面斑纹褶皱。种子白色，胚乳呈非常细的白粉样。花期为7~10月。变种有矮生紫茉莉，株高约30厘米，种子瘦小，其中有一种玫瑰红色的品种，观赏价值很高。还有重瓣品种“楼上楼”是紫茉莉中的名品。

生长习性与管理要点

喜温和而湿润的气候，冬季地上部分枯死，在江南地区地下部分可安全越冬而成为宿根草花，翌年春季长出新的植株。土壤要求疏松肥沃、深厚，含腐殖质丰富的壤土。苗不耐寒，其中矮生种不耐热，怕霜冻。喜光，畏烈日，稍耐半阴，夏季遮阴、通风则生长开花良好。

繁殖方法

常用播种繁殖，可于4月中下旬播种，发芽适温为15~20℃，播后7~8天萌发。也可扦插繁殖，用脚芽、顶芽、腋芽等作插穗，扦插后控温在20℃左右，10天即可生根。

家庭的观赏

紫茉莉花夜开昼闭，开花有芳香，宜在傍晚或夜间纳凉的地方布置，颇增生趣。

（十二）虞美人(*Papaver rhoeas*)

别名丽春花、小种罂粟花，罂粟科罂粟属植物。

形态特征

一二年生草本。株高30~80厘米，全株被粗毛，有乳汁。叶互生，羽状深裂或全裂，裂片披针形，边缘有不规则的锯齿。花单生于茎顶，花梗长，花蕾下垂，花开挺直；有4片圆形花瓣，全缘或有时具齿裂。花色有纯白、淡红、深红、朱红、紫红或具深色斑纹。蒴果圆球形，种子细小。花期为4~7月。虞美人有重瓣、半重瓣、单瓣等栽培品种。

生长习性与管理要点

喜通风、阳光充足和凉爽的环境气候，较耐寒，忌炎热多湿。对土壤要求不严，但以疏松肥沃、排水良好的沙壤土最好。直根性，不耐移植；不耐重茬种植，盆栽注意更换培养土。

繁殖方法

虞美人常用播种繁殖。秋播一般在9月上旬，也可春播。发芽适温为15~20℃。因种子很小，宜拌细沙，覆土宜薄，保持盆土湿润，播后约1周出苗。

家庭的观赏

虞美人适用于花坛、花镜栽植，也可做盆栽或切花用。虞美人花色艳丽，花姿轻柔，大有中国古典艺术中美人的风韵，堪称花草中的妙品，可用于美化庭院，点缀窗台、阳台。也可在含苞待放时剪下做插花用，注意剪下后放于水中，防止白色汁液大量外流。

（十三）美女樱(*Verbena hybrida*)

别名铺地马鞭草、铺地锦、四季绣球等，马鞭草科马鞭草属植物。

形态特征

多年生草本，常作一二年生栽培。茎四棱，半蔓生性，常呈匍匐状，丛生而铺覆地面，全株有灰色柔毛。叶对生，有短柄，长圆形，边缘有缺刻状粗齿或整齐的圆钝锯齿，叶基部常有裂刻。花顶生或腋生，多数小花密集排列呈聚伞花序；花色多，有白、粉红、深红、紫、蓝等不同颜色，略具芬芳。花期为6~9月。

生长习性与管理要点

喜温暖、湿润和阳光充足环境，较耐寒。若长期处于半阴状态或光照不足，茎叶容易徒长，开花减少，花朵变小，花色不鲜艳。对土壤要求不严，但在疏松肥沃的中性土壤中生长，花开繁茂，夏季不耐干旱。

繁殖方法

播种繁殖，春、秋季均可进行。发芽适温为20~22℃，播种后覆薄土，播后14~20天发芽，30天后幼苗可移栽。扦插繁殖以5~7月为宜。剪取稍成熟枝条，长8~10厘米，插于沙床，稍加遮阴，插后14~21天可生根，30天可移栽上盆。美女樱匍匐生长，茎节容易生根，应用压条繁殖，成活率高。

家庭的观赏

美女樱适合盆栽，装饰窗台、阳台和走廊，鲜艳雅致，富有情趣。

（十四）金鱼草(*Antirrhinum majus*)

别名龙头花、狮子花、龙口花、洋彩雀等，玄参科金鱼草属植物。

形态特征

多年生草本，常作一二年生栽培。茎直立，微有绒毛。叶片长圆状披针形，全缘。总状花序，花冠筒状唇形，基部膨大呈囊状，上唇二浅裂，下唇平展至浅裂，色有白、淡红、深红、肉色、深黄、浅黄、黄橙等。园艺栽培种有矮生种、半矮生种、高秆种及超矮生种，有许多属四倍体品种，近来又选育出重瓣新品种。

生长习性与管理要点

喜凉爽气候，较耐寒，不耐热，喜阳光，也耐半阴。高温对生长发育不利，开花适温为15~16℃，有些品种温度超过15℃，不出现分枝，影响株形。喜疏松肥沃、富含腐殖质和排水良好的微酸性沙质壤土。

繁殖方法

常用播种繁殖，秋播或春播。播种土壤用泥炭土或腐叶土和细沙的混合土壤，消毒装盆播种，播后覆薄土，保持盆土湿润，放半阴处，约7天可发芽。也可采嫩枝扦插繁殖。

家庭的观赏

金鱼草盆栽可用于点缀窗台、阳台和庭院。

（十五）凤仙花 (*Impatiens balsamina*)

别名指甲花、急性子、金凤花，凤仙花科凤仙花属植物。

形态特征

一年生草本，株高30~80厘米。茎直立，肉质、多汁，节部膨大。叶互生，狭或阔披针形，边缘有锐齿。花单生或数朵簇生，具短梗；花色有紫、朱红、白、粉红或有杂色；萼片3片，两侧各1小片，后面1片较大，呈花瓣状；花瓣5枚。蒴果纺锤形，种子球形，成熟后弹射散出。花期为6~9月。凤仙花品种极多，花形有单瓣、重瓣、蔷薇形、茶花形、石竹形等。

生长习性与管理要点

喜阳光充足，温暖环境，怕湿，耐热不耐寒。对土壤适应性强，喜疏松肥沃、富含腐殖质和排水良好的沙质壤土。

繁殖方法

用播种繁殖。以4月播种最为适宜，播后一般1周左右即发芽。苗高8厘米左右时，每盆保留1~3株。苗高20~30厘米时摘心，增强其分枝能力，使株形丰满。

家庭的观赏

凤仙花花娇叶美，风姿绰约，盆栽可用于美化庭院，点缀窗台和阳台。另外，凤仙花的汁液可用来染指甲，还可涂在手心、手背、胳膊和腿等部位做皮肤保养。

（十六）月见草 (*Oenothera stricta*)

别名夜来香、山芝麻、野芝麻，柳叶菜科月见草属植物。

形态特征

一二年生草本。株高100~150厘米，茎直立，有分枝。根粗壮，肉质。幼苗期基生叶丛生，呈莲座状；茎生叶互生，叶片长圆状，披针形或倒披针形，叶缘具不整齐的疏锯齿。花单生于茎上部叶腋间，密集呈穗状，无柄，黄色或黄白色，芳香；蒴果长圆柱形，稍弯，略呈四棱，成熟时开裂。种子多数、细小、棕褐色，呈不规则三棱状。

生长习性与管理要点

喜光照，耐旱，耐寒，忌积涝。对土壤要求不严，在肥沃、疏松、富含腐殖质、排水良好的沙质壤土中生长良好。

繁殖方法

播种繁殖，春、秋季均可进行，北方地区小苗需在室内或保温下越冬。播种后覆薄土，保持土壤湿润，10~15天可萌发出苗。

家庭的观赏

月见草花期长，花夜开晨闭，有芳香，可作园林观赏用。庭院栽培在通风敞亮处，也可盆栽摆放阳台观赏，在月光下，阵阵幽香令人神清气爽，实为家庭芳香疗法的好材料。

（十七）香豌豆（*Lathyrus odoratus*）

别名麝香豌豆、花豌豆，豆科香豌豆属植物。

形态特征

一年生草本。全株被白色毛，茎棱状，有翼。羽状复叶，先端3~5小叶变为卷须，借卷须攀缘，小叶卵圆形；叶柄具翅。总状花序腋生，花2~5朵；花大，蝶形，有芳香，色有白、粉红、大红、蓝、堇紫及深褐。荚果，种子圆形，褐色。花期为3~7月。香豌豆花依据花瓣形态有平瓣形、卷瓣形、皱瓣形和重瓣形。

生长习性与管理要点

喜温暖、凉爽气候。喜阳光充足，忌酷热，稍耐寒。生长适温为15℃左右，低于5℃生长不良，超过20℃，生长势衰弱，花梗变短，一般在盛夏到来之前完成结实阶段而死亡。对土壤要求不严，但在排水良好、土层深厚、肥沃、中性或微碱性土壤中生长良好。

繁殖方法

主要用播种繁殖。发芽适温为20℃。香豌豆种子大，直接盆播，保持一定湿度，10天左右便可发芽。播种至开花需4~5个月。也可用扦插繁殖，选2节蔓茎扦插，极易生根。

家庭的观赏

香豌豆枝叶秀雅，花姿轻盈别致且色彩艳丽，芳香馥郁，为攀缘绿化好材料，可用于美化窗台、阳台、花架、篱栏或用于花坛配置，也可做切花，用于插花、花篮、花圈、花束、餐桌装饰等。另外，香豌豆对二氧化硫的抗性极差，故可作为该气体的监测植物。

（十八）四季秋海棠（*Begonia semperflorens*）

秋海棠科秋海棠属植物。

形态特征

多年生草本植物。茎直立，光滑无毛，多分枝，肉质。叶互生，有光泽，卵形或宽卵形，边缘有锯齿，绿色或淡红色。花淡红色，腋生，数朵成簇。栽培品种多，株型有高种和矮种；花有单瓣和重瓣；花色有红、白、粉红；叶有绿、紫红和深褐等色。

生长习性与管理要点

喜温暖、湿润环境。生长适温为18~20℃，不耐寒，怕酷热，高温时节需放通风凉爽处，冬季温度低时，需光照充足。要求疏松、肥沃、富含腐殖质和排水良好的微酸性土壤。

繁殖方法

（1）播种繁殖　以春、秋季为宜。种子细小，隔年种子发芽率显著下降。发芽适温为20~22℃，播后不覆土，压平即可，7~10天发芽。秋播室内越冬，翌春开花。一般播种后130~150天开花。

（2）扦插繁殖　春、秋季进行最好，剪取长10厘米的顶端嫩枝作插条，插穗一半插入细沙中，保持较高的空气湿度和20~22℃室温，插后16~20天生根。

（3）分株繁殖　在春季换盆时进行，将母株切开，直接盆栽，放半阴处养护恢复。

家庭的观赏

四季秋海棠株姿秀美，叶色娇嫩光亮，花朵成簇，四季开放，且稍具清香，广为大众喜闻乐见。寒凉季节摆放书桌、茶几、案头，室内一派春意盎然，春、夏季放在阳台檐下，更现生机。

（十九）含羞草(*Mimosa pudica*)

别名感应草、怕羞草、害羞草等，豆科含羞草属植物。

形态特征

多年生草本植物。株高30~60厘米，多分枝，遍体散生倒刺毛和锐刺。二回羽状复叶，羽片2~4片，掌状排列，小叶14~18片，椭圆形，触之即闭合下垂。头状花序呈圆球形，形如绒球，花色粉红。荚果扁平，边缘有刺毛，成熟时会自动开裂。花期为7~10月。

生长习性与管理要点

喜温暖湿润、阳光充足的环境。对土壤要求不严，但以排水良好、富含有机质的沙质壤土生长良好。

繁殖方法

用播种繁殖。播种常年可行，但以早春2月在室中盆播最好。播前可用35℃温水浸种24小时，浅盆穴播，覆土1.5厘米左右，以浸盆法给水，保持湿润，在15~20℃条件下，经7~10天出苗，小苗长至5~6厘米高时分栽。

家庭的观赏

含羞草花多而清秀，楚楚动人，给人以文弱清秀的印象，可地栽于庭院墙角，也可盆栽列于窗口案几。要注意的是：含羞草体内的含羞草碱是一种有毒物质，人体过度接触后会使毛发脱落。

（二十）旱伞草（*Cyperus alternifolius*）

别名水棕竹、伞草、风车草，莎草科莎草属植物。

形态特征

多年生草本。株高60~120厘米，茎秆丛生，三棱形，直立无分枝。基部叶退化为鞘状，茎顶聚生多数叶片，或一螺旋状排列的叶轮。伞形花序生于叶腋之中，多数小花序穗状，通常无柄，多数聚集成大型重伞形花序，总苞片约20枚，线状箭形。花白色或黄褐色。花期为6~7月。小坚果椭圆形。

生长习性与管理要点

喜温暖、潮湿及通风良好的环境。不耐寒，但耐阴性极强。生长期适温为15~25℃，冬季适温为7~12℃。要求土壤以肥沃、轻黏性为好。

繁殖方法

以分株繁殖为主，也可扦插或播种繁殖。分株繁殖常在3~4月结合换盆进行，将大丛旱伞草切开为数小丛，再分栽。扦插法四季皆可进行，自茎秆端3~5厘米处截断，再剪去部分总苞片，将茎秆插入沙中，总苞片平铺紧贴沙面，浇足水，经常保持空气湿润，在20~25℃的温度条件下，20~30天即能在总苞片间发出许多小型伞状总苞丛，分栽即可。水插也极易成活。播种在春季室内盆播。

家庭的观赏

旱伞草潇洒飘逸，不乏绿竹之风韵，很受人们喜欢，可做盆栽观赏，还可制作盆景。

（二十一）石竹 (*Dianthus chinensis*)

别名中华石竹、石竹子花、石柱花、十样景花、洛阳花，石竹科石竹属植物。

形态特征

多年生草本，常作一二年生栽培。株高20~50厘米，茎直立，有节，多分枝，叶对生，线状披针形，基部抱茎。花萼筒圆形，花微具香气，单生或数朵簇生于茎顶，形成聚伞花序；花色有紫红、大红、粉红、纯白、红色、杂色。花期为4~10月，集中于4~5月。蒴果，种子扁圆形，黑褐色。

生长习性与管理要点

喜阳光充足、干燥、通风及凉爽气候。耐寒、耐干旱，不耐酷暑，夏季多生长不良或枯萎，栽培时应注意遮阴降温。要求肥沃、疏松、排水良好及含石灰质的壤土或沙质壤土，忌水涝，好肥。

盆栽石竹要求施足基肥，每盆种2~3株。苗长至15厘米高摘除顶芽，促其分枝，以适当摘除腋芽使养分集中，可促使花大而色艳。生长期间宜放置在向阳、通风良好处养护，保持盆土湿润，约每隔10天施一次腐熟的稀薄液肥。开花前应及时去掉一些叶腋花蕾，主要是保证顶花蕾开花。冬季宜少浇水，若温度保持在5~8℃条件下，则冬、春季不断开花。

繁殖方法

（1）播种繁殖　一般在9月进行。种子发芽最适温度为21~22℃，播后保持盆土湿润，5天即可出芽，10天左右即出苗，苗期生长适温为10~20℃。当苗长出4~5片叶时可移植，翌春开花。

（2）扦插繁殖　在10月至翌年3月进行，取茎基萌生的枝条，剪成5~6厘米长小段扦插，插后15~20天生根。

（3）分株繁殖　多在花后利用老株分株，可在秋季或早春进行。

家庭的观赏

石竹形似竹，花朵繁密，色泽鲜艳，多用来布置花坛、花台和花镜，也可盆栽或做切花，还可大量直接用作地被植物。石竹姿容娇美，多花善开，深受人们喜爱，可用于点缀庭院、居室。

（二十二）长春花(*Catharanthus roseus*)

夹竹桃科长春花属植物。

形态特征

一年生草本，茎直立，多分枝。叶对生，长椭圆状，叶柄短，全缘，两面光滑无毛，主脉白色明显。聚伞花序顶生。花有红、紫、粉、白、黄等多种颜色，花冠高脚碟状，5裂，花朵中心有深色洞眼。长春花的嫩枝顶端，每长出一片叶，叶腋间即冒出两朵花，因此它的花朵特别多，花期特长，花势繁茂，生机勃勃。从春到秋开花从不间断，所以有“日日春”的美名。

生长习性与管理要点

喜温暖、稍干燥和阳光充足的环境。3~7月为18~24℃，9月至翌年3月为13~18℃，冬季温度不低于10℃，均能生长良好。折断其茎叶而流出的白色乳汁，有剧毒。

繁殖方法

在条件适合的情况下，一年四季都可开花。但在长江流域因气候太冷，常作一年生栽培，播种时间主要集中在1~4月。播种宜采用较疏松的人工介质，可床播、箱播育苗，有条件的可采用穴盘育苗。介质要求pH值为5.8~6.2，经消毒处理，播种后保持介质温度22~25℃。

家庭的观赏

用于盆栽和栽植槽观赏。由于抗热性强，开花期长，色彩鲜艳，发展很快，在草本花卉中已占有一定位置。由于植株有毒，应放在儿童接触不到的地方。

（二十三）大花蕙兰（*Cymbidium*）

兰科兰属植物。

形态特征

原产于印度、缅甸、泰国、越南和中国南部等地区。叶长碧绿，花姿粗犷，豪放壮丽，是世界著名的“兰花新星”。它的植株和花朵分为大型和中小型，花朵硕大，有黄、白、绿、红、粉红及复色等多种颜色，色彩鲜艳，异彩纷呈，花形整齐且质地坚挺，经久不凋，属豪华高雅型兰花。

生长习性与管理要点

常野生于溪沟边和林下的半阴环境。喜冬季温暖和夏季凉爽。生长适温为10~25℃。夜间温度10℃左右比较好。叶片呈绿色，花芽生长发育正常，花茎正常伸长，在2~3月开花。若温度低于5℃，叶片呈黄色，花芽不生长，花期推迟到4~5月，而且花茎不伸长，影响开花质量。若温度在15℃左右，花芽会突然伸长，1~2月开花，花茎柔软不能直立。如夜间温度高达20℃以上，叶丛生长繁茂，影响开花，形成的花蕾也会枯黄。

繁殖方法

通常用分株法繁殖。分株时间多在植株开花后，新芽尚未长大之前，这一短暂的休眠期内进行。分株前应适当干燥，根略发白、绵软时操作。生长健壮者通常2~3年分株1次，分切后的每丛兰苗应带有2~3枚假鳞茎，其中1枚必须是前一年新形成的。为避免伤口感染，可涂以硫黄粉或炭粉。放干燥处1~2天再单独盆栽，即成新株。分栽后放半阴处，不能立即浇水，发现过干可向叶面及盆面少量喷水，以防叶片干枯、脱落和假鳞茎严重干缩。待新芽基部长出新根后才可浇水。

家庭的观赏

家庭养护中，光照是影响大花蕙兰生长和开花的重要因素。大花蕙兰在兰科植物中属喜光的一类，光照充足有利于叶片生长，形成花茎和开花。过多遮阴，叶片细长而薄，不能直立，假鳞茎变小，容易生病，影响开花。可摆放在书房案头、客厅等场所。

（二十四）蝴蝶兰（*Phalaenopsis amabilis*）

兰科蝴蝶兰属植物。

形态特征

多年生常绿草本。茎短，叶大。花茎长，拱形。花大，蝶状，密生。外观上都具6瓣，其中3瓣为萼片，3瓣为花瓣。向上的1片为上萼片，左右倾斜的两片叫下萼片。至于左右两肩的两大片叫做花瓣，最下的1片突变成唇瓣。除了株形的变化外，唇瓣也是一个很好的特征，大部分的蝴蝶兰唇瓣会分裂成两条触角般的短须，使其更神似蝴蝶，故名蝴蝶兰。

生长习性与管理要点

喜欢高温、高湿、通风透气的环境；不耐涝，耐半阴环境，忌烈日直射，越冬温度不低于15℃。

繁殖方法

将开花后的残花连花梗剪去，注意保留未萌发的节芽（3~4节）；把最上面1~2节的芽上的苞片小心除去，露出节芽，注意不可伤及芽子；取少量的催芽剂（植物激素）均匀涂在节芽上；将处理好的兰花置于适宜的地方，温度保持在25~30℃，湿度75%以上。经2~3个月即可长出1~2株新的花苗来，当小苗长出2~3条粗根时，即可剪下单独种植。

家庭的观赏

可置于客厅、阳台、书房、案头欣赏其叶花姿态。

（二十五）石斛兰(*Dendrobium loddigesii* Rolfe.)

兰科石斛兰属植物。

形态特征

多年生落叶草本。茎丛生，直立，上部略呈回折状，稍偏，黄绿色，具槽纹。叶近革质，短圆形。总状花序，花大，白色，顶端淡紫色。落叶期开花。

生长习性与管理要点

石斛兰属植物为附生植物，生境独特，对小环境要求十分严格。多生于温凉高湿的阴坡、半阴坡微酸性岩层峭壁上，群聚分布，上有林木侧方遮阴，下有溪沟水源，冬、春季节稍耐干旱，但严重缺水时常叶片落尽，裸茎度过不良环境，到温暖季节重新萌发枝叶。

繁殖方法

（1）分株繁殖　春季结合换盆进行。将生长密集的母株从盆内托出，尽量少伤根叶，把兰苗轻轻掰开，选用3~4株栽入盆中，有利于成型和开花。

（2）扦插繁殖　选择未开花而生长充实的假鳞茎，从根际剪下，再切成每2~3节一段，直接插入泥炭苔藓中或用水苔包扎插条基部，保持湿润，室温在18~22℃，插后30~40天可生根。待根长至3~5厘米盆栽。

家庭的观赏

可置于卧室、书房、案头、客厅、博古架之上。

二 宿根及球根花卉

（一）菊花(*Dendranthema morifolium*)

别名黄花、九花、节华、金秋菊，菊科菊属植物。

形态特征

多年生宿根草本，株高20~200厘米，通常为30~90厘米。茎色嫩绿或褐色，除悬崖菊外多为直立分枝，基部半木质化。单叶互生，卵圆至长圆形，边缘有缺刻及锯齿。头状花序顶生或腋生，一朵或数朵簇生。舌状花为雌花，筒状花为两性花。舌状花分为平、匙、管、畸四类，色彩丰富，有红、黄、白、墨、紫、绿、橙、粉、棕、雪青、淡绿等色；筒状花发展成为具各种色彩的“托桂瓣”，花色有红、黄、白、紫、绿、粉红、复色、间色等色系。花序直径为2~30厘米。种子褐色，细小，寿命为3~5年。

菊花品种丰富，全世界有20 000~25 000个，我国现存3 000个以上，按自然花期可分为春菊、夏菊、早秋菊、秋菊、寒菊；按栽培方式可分为盆栽菊、造型艺菊、切花菊、花坛菊等。

生长习性与管理要点

性喜冷凉，具有一定的耐寒性。5℃以上地上部萌芽，10℃以上新芽生长，适宜生长温度为16~21℃。菊花亦喜光，为典型的短日照植物。菊花适应各种土壤，但以富含腐殖质，通气、排水良好，中性偏酸的沙质壤土为好。

栽培中，摘心和整枝是调节生长的主要手段。通过不同时间、不同次数的摘心来调节成花枝数、控制高度和花期。整枝则是除去不必要的侧枝，以利于集中养分，育成优质盆花。

繁殖方法

用扦插、分株及嫁接等方法繁殖。

（1）扦插繁殖 扦插可分为芽插、嫩枝插、叶芽插。芽插，在秋、冬季切取植株脚芽扦插。去除下部叶片，按株距3~4厘米，行距4~5厘米，插于温室或大棚内的花盆或插床中，保持7~8℃室温，春暖后栽于室外。嫩枝插，此法应用最广，多于4~5月扦插，截取嫩枝8~10厘米作为插穗，在18~21℃的温度下，3周左右生根，约4周即可定植。叶芽插，从枝条上剪取一张带腋芽的叶片扦插，这种方法仅用于繁殖珍稀品种。

（2）分株繁殖 一般在清明前后，把植株掘出，依根的自然形态带根分开，另栽植花盆中。

（3）嫁接繁殖 菊花可以白蒿、黄蒿或青蒿作砧木嫁接。冬季在温室播种，或3月在温床育苗，4月下旬苗高3~4厘米时移于盆中或定植田间，5~6月在晴天进行劈接。

家庭的观赏

中国十大名花之一，也是优良的盆花、地被、花坛、花镜用花及切花材料。不仅有极高的观赏价值，而且药食兼优，有良好的保健功效，可作消暑清凉饮料，以花入药，具有疏风散热，清肝明目，解疮毒的功效。菊花在我国已有3 000多年的栽培历史，人们欣赏它那千姿百态的花朵，姹紫嫣红的色彩和清隽高雅的姿态，尤其在百花纷纷凋零的秋、冬季节，菊花傲霜怒放，它不畏寒霜欺凌的气节历来被视为高尚品德的象征，代表着名士的斯文与友情，也正是中华民族不屈不挠精神的体现。

（二）大丽菊 (*Dahlia pinnata*)

别名大理花、天竺牡丹、地瓜花、西番莲等，菊科大丽菊属植物。

形态特征

多年生草本，地下部为粗大纺锤状肉质块根。叶对生，1~3回羽状深裂，叶片卵形或椭圆形，锯齿粗钝。茎中空，直立或横卧，株高因品种不同而有高低。头状花序顶生，直径为5~35厘米，由中心的管状花和外围的舌状花组成。舌状花通常卵形，有白、粉、黄、橙、红、紫等色，也有两种颜色夹杂的，管状花黄色。花期为6~10月。

栽培品种繁多，全世界约3万种。按花朵的大小划分为：巨型（大于25厘米）、大型（20~25厘米）、中型（15~20厘米）、小型（10~15厘米）、迷你型（5~10厘米）、可爱型（小于5厘米）等6种类型。主要栽培品种有：寿光、朝影、丽人、华紫、瑞宝、福寿、珠宝等。

生长习性与管理要点

大丽菊原产墨西哥高原地带，喜凉爽、湿润环境。既不耐寒，又忌炎热，生长适宜温度为10~25℃，高于30℃则生长不正常，开花少。温度低于4~5℃进入休眠。喜充足阳光，但忌强光直射，夏季需适当遮阴。对水分比较敏感，不耐干旱又怕积水，土壤以富含腐殖质，排水良好，中性或微酸性的沙质壤土为宜。一年中以秋季凉爽季节花繁而色艳，夏季炎热多雨地区易徒长，甚至发生烂根。

繁殖方法

（1）分根繁殖 此法最为常用。因大丽菊块根由茎基部发芽，在分割时必须带有部分根颈，否则不能萌发新株。为了便于识别，常采用预先埋根法进行催芽，待根颈上的不定芽萌发后再分割栽植。

（2）扦插繁殖 一般于早春进行最好，夏秋也可。从健壮母株上剪取嫩枝，保留2个节，每段7厘米左右，至少要有1个健壮腋芽或顶芽。以蛭石或粗沙为插床基质，插后经常喷水，遮阴60%，扦插约2周可生根，40天上盆，上盆90~110天后可开花。

（3）嫁接繁殖 可将若干花型、花色集中到一株。块根嫁接多在春季进行，用不带芽的块根作砧木，取被嫁接品种的幼梢作接穗进行劈接。

（4）播种繁殖 花坛或盆栽用的矮生品种系列，常用种子繁殖。播种一般于播种箱内进行，20℃左右，4~5天即萌芽出土，待4~6片真叶长出定植或分栽，当年开花。

家庭的观赏

花大色艳，花形丰富，花坛、花镜或庭前丛植皆宜，也可做盆栽，还可做切花用。大丽菊盛开后姹紫嫣红、花姿丰满、雍容华贵，更兼其花语有大吉大利之意，深受人们喜爱。

（三）非洲菊(*Gerbera jamesonii*)

别名扶郎花、灯盏花、千日菊等，菊科大丁草属植物。

形态特征

多年生宿根草本，株高约60厘米，全株被绒毛。叶多数，基生，长椭圆状披针形，羽状浅裂或深裂，叶缘具疏齿，叶背具长毛。头状花序单生，花序梗长，高出叶丛，总苞盘状；舌状花1~2轮，橘红色，条状披针形。园艺品种多，有单瓣品种，也有重瓣品种，有切花品种，也有盆栽品种，有供温室栽培周年开花品种，也有花坛栽植品种。花色有白、橙、红、黄、粉和橘黄等色。

生长习性与管理要点

非洲菊原产非洲南部。喜温暖、湿润和阳光充足环境。生长适宜温度为20~25℃，夜间为14~16℃，开花适温不低于15℃，冬季休眠期适温为12~15℃，低于7℃则停止生长。喜肥沃疏松，排水良好、富含腐殖质的微酸性沙质壤土。切忌黏重土壤，在中性或微碱性土壤中也能生长，但在碱性土壤中，叶片易出现缺铁症状。

繁殖方法

（1）播种繁殖　种子寿命短，最好种子成熟后立即播种。发芽适温为18~20℃，播后7~10天发芽，种子发芽率为50%左右。盆土过湿，易患猝倒病。苗具2~3片真叶时移植，最好每盆栽2株，以增加开花数。

（2）分株繁殖 生长健壮的成年植株可以采用分株繁殖，于3~5月进行。先托出母株，把地下茎分切成若干子株，每子株须带新根和新芽，盆栽不宜过深，根芽须露出土面。

（3）扦插繁殖 将健壮植株挖出，截取根部粗壮部分，去除叶片，切去生长点，保留根颈部，将其栽植在种植箱内，保持室温为22~24℃，相对湿度70%~80%，从根颈部会长出叶芽和不定芽形成插穗。一母株可反复剪取插穗3~4次。插入沙床中，3~4周可生根。扦插的新株当年能开花。

家庭的观赏

非洲菊姿态优美，花色艳丽，为世界十大切花之一；可做盆栽摆放窗台、阳台点缀居室，也可点缀庭院，使人倍觉幽雅悦目。有些地区喜欢在结婚庆典时用非洲菊（扶郎花）扎成花束布置新房，取其谐音，体现新婚夫妇互敬互爱之意。

（四）芍药(*Paeonia lactiflora*)

别名将离、离草、犁食、没骨花、黑牵夷、红药等，芍药科芍药属植物。

形态特征

多年生宿根草本，具粗大肉质根，茎簇生于根颈，植株高度40~120厘米。初生叶红色，茎基部常有鳞片状变形叶，植株下部叶为二回三出复叶，上部叶多为单叶或三出复叶，叶缘密生白色骨质细齿。花1~3朵簇生于枝顶端或上端叶腋，有时仅顶端着生1朵，花径为10~20厘米，萼片4枚，宽卵形或圆形；花瓣9~13枚，倒卵形，花丝黄色，花盘浅杯状，包裹心皮基部，顶端钝圆；心皮4~5枚，无毛，蓇葖果内含黑色大型种子5~7粒。花期为4~5月。

全世界目前有1 000余个品种，根据颜色可分为白、黄、绿、粉、粉蓝、红、紫、黑、复色等品种。根据花型可分为单瓣类、千层类、楼子类、台阁类等。

生长习性与管理要点

芍药适应性强，耐寒，在我国北方都可以露地越冬，忌夏季炎热酷暑，喜阳光充足，也耐半阴，要求土层深厚、肥沃而排水良好的沙壤土，低洼地、盐碱地均不宜栽培。喜肥，栽植前宜施以充足的腐熟堆肥、厩肥作基肥。浇水和施肥常结合进行，花前1个月和花后半个月各浇一次水，现蕾后施一次速效性磷肥，可使花开得大而色艳。每次浇水施肥后，要及时松土。孕蕾时只保留顶部花蕾，侧枝花蕾均要去除，以集中养分开大花。盆栽忌积水。花期较短，一般为8~10天，天气凉爽或置遮阴处，花期可延续半个月。花谢之后，及时剪去花梗，不使结籽，以免消耗养分。秋冬之际，可施一次追肥，以利翌年开花。

繁殖方法

（1）分株繁殖 分株时期以9月下旬至10月上旬为宜，将根株掘起，震落附土，用刀切开，使每个根丛具2~3芽，最好3~5芽，然后将分株根丛栽植在准备好的花盆或圃地。如果分株根丛较大（具3~5芽），翌年可能有花，但形小，不如摘除使植株生长良好；根丛小的（2~3芽），翌年生长不良或不开花，一般要培养2~5年。

（2）扦插繁殖 可用根插或茎插。秋季分株时可收集断根，切成5~10厘米一段，埋插在10~15厘米深的土中。茎插法在开花前2周左右，取2节中部茎构成插穗，插沙土中约5厘米深，要求遮阴并经常浇水，45~60天后即可生根，并形成休眠芽。

（3）播种繁殖 以种子成熟后采下立即播种为宜，越迟播发芽率越低。芍药种子有上胚轴休眠现象，播种后当年秋天生根，翌年春暖后芽才出土。幼苗生长缓慢，播种苗4~5年才开花。

家庭的观赏

花形妩媚，花色艳丽，可用于切花、配置花镜、花坛及设置专类园，尤其是与牡丹结合布置，可大大延长观赏期，成为园林绿地中一道亮丽的风景。芍药花色、香、韵俱美，亦可盆栽家养布置阳台。在不做任何处理的情况下，以适时采摘的芍药切花、切叶等为素材，经过构思和设计，插入容器中构成优美造型的花卉艺术品，美化生活，陶冶情操。

（五）君子兰（*Clivia miniata*）

别名箭叶石蒜、大叶石蒜，石蒜科君子兰属植物。

形态特征

常绿宿根草本，根肉质，无茎。叶剑形，革质，基部形成假鳞茎，花茎自叶丛中伸出。伞形花序有花10~20朵，花被漏斗状，6裂，橙色至鲜红色。雄蕊6枚，着生花被管喉部。子房下位，球形。种子大，球形。花期以冬、春季为主，每一朵小花开放25~30天，每一花序开放30~40天。目前全世界共有君子兰5种，分别称作大花君子兰、垂笑君子兰、细叶君子兰、有茎君子兰和奇异君子兰，另外2004年在纳塔尔南部又发现了一种叫做沼泽君子兰。所有的中国君子兰都属于君子兰属中的大花君子兰，且花色以红色和橘色为主。与其他国家的花艺相对，中国君子兰以叶艺为主。按花系品系分类，中国君子兰属于君子兰属中大花君子兰类的红色和橘色花系。

生长习性与管理要点

君子兰不耐寒，适宜周年温和湿润的气候，生长适宜温度为15~25℃，低于10℃生长受限制，低于5℃停止生长，低于0℃会受冻害。温度过高，会引起徒长，使叶片狭长。宜半阴环境，喜散射光，忌夏季阳光直晒。喜疏松肥沃、排水良好、富含腐殖质，微酸性的沙质壤土。

繁殖方法

（1）播种繁殖 将种子的鼓背朝上，均匀地摆放在花盆中，然后覆盖沙土，土壤的厚度为种子直径的1倍，浇透水，再在上面盖上一块透明的玻璃或塑料，以保持盆土湿润。播种后的花盆置于室温20~25℃、相对湿度90%左右的环境中。覆土待表面干时再浇水，防止浇水过多造成种子腐烂。经20余天可生长出胚根，3个月左右可移植分盆。

（2）分株繁殖 四年生以上的植株在叶腋内发生吸芽，待其长到5~6片叶、芽的下方发出肉质根时可分株，一年中各季节均可进行，但常在春、秋季温度适宜时结合换盆进行，夏季高温应避免进行分株。分株前适当控水，将老株基部萌发出的根蘖苗用利刀割开，再把它们盘结在一起的肉质根仔细地分解开来，伤口涂以草木灰或硫黄粉，如子株带根太少，可先插于沙中，待新根萌发后再盆栽。

家庭的观赏

碧叶常青，端庄大方，花繁色艳，是花叶并美的室内观赏植物。君子兰能吸收有害气体、减低噪声、杀灭细菌，创造出舒适的起居环境，使你的居室生机盎然，景色常青。君子兰是肉质根，可用景德镇的瓷质盆或宜兴的紫砂盆盆栽。

（六）水仙（*Narcissus tazetta* var.*chinensis*）

别名中国水仙、水仙花、凌波仙子、金盏银台、雅蒜、姚女花等，石蒜科水仙属植物。

形态特征

多年生球根花卉，地下鳞茎肥大，卵状或近球形，外被棕褐色皮膜。叶基生，狭带状，排成互生，2列，绿色或灰绿色，基部有叶鞘包被。花多朵（通常4~6朵）成伞房花序着生于花葶端部，花序外具膜质总花苞。花葶直立，圆筒状或扁圆筒状，中空，高20~80厘米；花多为黄色或白色，侧向或下垂，具浓香；花被片6枚，副冠杯状。蒴果，种子空瘪。

水仙属共分为12类，品种近3 000个。从瓣型来分，中国水仙有两个栽培品种：一种为单瓣，花被6裂，中间有金色的副冠，形如盏状，花味清香，所以叫“金盏银台”；另一种为重瓣，白色，花被12裂，卷成一簇，花冠下端黄色而上端淡白色，没有明显的副冠，名为“玉玲珑”。

生长习性与管理要点

喜冷凉、湿润的气候。喜阳光充足，荫蔽场所栽种常叶茂而不开花。以疏松肥沃、土层深厚的中性和微酸性沙壤土为宜。生长发育各阶段需要不同的环境条件，营养生长期喜冷凉气候，适温为10~20℃，可耐0℃低温。鳞茎在春天膨大，干燥后，在高温条件（26℃以上）花芽分化。经过休眠的球根在温度高时可以长根，但不发叶，随温度下降才发叶，6~10℃时抽花葶，在开花期，如温度过高，开花不良或萎蔫不开花。

水仙栽培方法有土培、水培及雕刻造型，其管理要点如下：

（1）土培 盆栽要求用疏松的腐叶土。栽植前将水仙头外表干枯的鳞茎片剥掉并刮去老根，装盆，接着浇透水，然后将花盆放在阴凉处，5天后待鳞茎盘长出根后，将花盆放到有阳光处养护。

（2）水培 水培前也要将老茎片和老根剥离干净，然后放入水仙花盆中，加水至水仙头下球茎1厘米左右处，放到阴凉处，待鳞茎盘长出根后放到有阳光处到开花。水培水仙花最好天天换水，一方面，防止水变质污染引起烂根，另一方面，水干净长出的根也洁白漂亮。

（3）雕刻造型 为了使花叶长势多姿、优美，需将花头进行雕刻处理。具体做法是:先将鳞茎外表干枯的鳞片剥掉并刮去老根，然后雕刻。经雕刻造型的水仙头要及时放入水中浸泡，伤口面朝下，以清除伤口分泌出的黏液，每天换水，浸泡2~3天，待黏液清除干净，便可取出并用脱脂棉花盖住鳞盘（根盘）。然后将雕琢面朝上，放入水仙盆中加水放在阴凉处养护。每天换水1次，保持水质干净，待鳞盘长出1厘米左右长的根时，将水仙盆放在有阳光处养护。养护过程中温度不要超过20℃。

繁殖方法

（1）侧球繁殖 这是常用的一种繁殖方法。侧球着生在鳞茎球外的两侧，仅基部与母球相连，很容易自行脱离母体，秋季将其与母球分离，单独种植，次年产生新球。

（2）侧芽繁殖 侧芽是包在鳞茎球内部的芽。只有在进行球根阉割时，才随挖出的碎鳞片一起脱离母体，拣出白芽，秋季撒播在苗床上，翌年产生新球。

（3）双鳞片繁殖 1个鳞茎球内包含着很多侧芽，有明显可见的，有隐而不见的。但其基本规律是2个鳞片1个芽。用带有2个鳞片的鳞茎盘作繁殖材料就称双鳞片繁殖。其方法是把鳞茎先放在4~10℃处4~8周，然后在常温中把鳞茎盘切小，使每块带有2个鳞片，并将鳞片上端切除留下2厘米作繁殖材料，然后用塑料袋盛含水50%的蛭石或含水6%的沙，把繁殖材料放入袋中，封闭袋口，置20~28℃温度中黑暗的地方。经2~3个月可长出小鳞茎，成球率为80%~90%。这是近年开始发展的新方法，四季可以进行，但以4~9月为好。生成的小鳞茎移栽后的成活率高，可达80%~100%。

家庭的观赏

我国十大名花之一。水仙花朵秀丽，叶片青翠，花香扑鼻，清秀典雅，为世界上有名的冬季室内花卉之一。在园林中可用于布置花坛、花镜，也宜在疏林下、草坪中成丛成片种植。水仙淡雅幽香，沁人心脾，特别适于浅盆水养，是我国传统的珍贵花卉，素来为人们所喜爱，在我国至少已有1 300年的栽培历史。《百花藏》语：“因花性好水，故名水仙”。在朱熹、黄庭坚、杨万里等人的笔下，它又有了“水中仙子”、“凌波仙子”、“凌波客”的雅称。古往今来，人们素把“玉质金相翠带围”的水仙花作为吉祥、美好、纯洁、高尚的象征。

水仙是点缀元旦、春节最理想的冬令时花，寒冬腊月，一片冰雪，百花凋谢，群芳养息的时候，一盏清水，几颗卵石，水仙的白色鳞茎球上抽出挺拔青翠的叶片，丛拥着一枝枝洁白、素雅、芳香的花枝，点缀在室内几案上，给人们带来生机和春意，又能为春节增添许多欢快的气氛。

（七）朱顶红 (*Hippeastrum vittatum*)

别名百枝莲、柱顶红、朱顶兰、孤挺花、华胄兰、百子莲、对红等，石蒜科朱顶红属植物。

形态特征

多年生球根草本，有肥大的鳞茎，近球形。叶6~8枚，带形，鲜绿色。花葶粗壮，直立中空；花序伞形，常有花3~6朵；佛焰苞状总苞片2枚，披针形，长5~7.5厘米；花被漏斗状，红色，中心及边缘有白色条纹；子房下位，3室，花柱与花被等长或稍长，柱头深3裂。蒴果球形；种子扁平。园艺品种多，常见的栽培品种有红狮、大力神、赖洛纳、通信卫星、花之冠、艾米戈等。

生长习性与管理要点

喜温暖、湿润和阳光充足环境。生长适宜温度为18~25℃，冬季休眠期适温为5~10℃。夏季避免强光长时间直射，宜置疏阴清爽环境。怕水涝，要求富含腐殖质、疏松肥沃，通透性强的沙质培养土。喜肥，但开花后应减少氮肥，增施磷、钾肥，以促进球根肥大。

繁殖方法

（1）分球繁殖　以分球繁殖为主。春季结合换盆，将大球旁侧生出的小鳞茎掰下，勿伤须根。视鳞茎大小分类盆栽，2年左右鳞茎长到8片叶，直径达7厘米即可开花。栽植大鳞茎，顶部宜露出1／3，不宜深栽以免颈部细长影响抽箭，并易过多萌生蘖芽影响开花。小鳞茎苗也要露出顶部栽植。

（2）播种繁殖　种子即采即播，播后放疏阴通风处，经常保持盆土湿润，约30天小苗出齐见长，可追施稀薄液肥促壮，入冬在室内继续养护，不要休眠，翌年4月分栽，养护得法，2~3年即可开花。

家庭的观赏

朱顶红叶厚，有光泽，花色柔和艳丽，花朵硕大肥厚，适于盆栽陈设于客厅、书房和窗台。

（八）百合(*Lilium* spp.)

百合科百合属植物。

形态特征

多年生球根草本，地下具鳞茎，鳞茎阔卵形或披针形，由白色或淡黄色的肉质鳞片抱合而成。多数茎直立，少数茎匍匐，株高50~100厘米。单叶，互生或轮生，线形、披针形，叶脉平行，直接抱生于茎秆上。花着生于茎秆顶端，呈总状花序，簇生或单生。花大，有漏斗形、喇叭形、杯形和球形等。花色多为黄色、白色、粉红、橙红，有的具紫色或黑色斑点，也有一朵花具多种颜色的，花落，结长椭圆形蒴果。

生长习性与管理要点

百合多数品种喜凉爽、湿润和半阴环境，较耐寒冷。适宜生长温度为12~18℃，低于5℃或高于30℃生长几乎停止，10℃以上植株才正常生长，超过25℃时生长又停滞，冬季夜间温度低于5℃持续5~7天，花芽分化、花蕾发育会受到严重影响，推迟开花甚至盲花、花裂。要求肥沃、富含腐殖质、土层深厚、排水性良好的沙质土壤，多数品种喜在微酸性至中性土壤中生长。

繁殖方法

（1）播种繁殖 秋季采收种子，贮藏到翌年春季播种。播后20~30天发芽。幼苗期要适当遮光。入秋时，地下部分已形成小鳞茎，即可挖出分栽。播种实生苗因品种不同，有的3年开花，也有的需培养多年才能开花。

（2）分小鳞茎繁殖 通常在植株老鳞茎的茎盘外围长有一些小鳞茎。在9~10月收获百合时，可把这些小鳞茎分离下来，贮藏在室内的沙中越冬。翌年春季上盆栽种。培养到第三年9~10月，即可长成大鳞茎，培育成大植株。此法繁殖量小，很适合家庭盆栽繁殖。

（3）鳞片扦插繁殖 秋天挖出鳞茎，将老鳞茎上充实、肥厚的鳞片逐个分掰下来，每个鳞片的基部应带有一小部分茎盘，稍阴干，然后扦插于盛好河沙或蛭石的花盆或浅木箱中，让鳞片的2/3插入基质，保持基质一定湿度，在20℃左右条件下，约1.5个月，鳞片伤口处即生根。冬季温度宜保持在18℃左右，河沙不要过湿。培养到翌年春季，鳞片即可长出小鳞茎，将它们分开，栽入盆中，加以精心管理，培养3年左右即可开花。

家庭的观赏

花姿雅致，叶片青翠娟秀，茎秆亭亭玉立，多用于切花生产。在园林上可用于花坛、花镜，也可作为盆栽观赏。百合的花、鳞茎可入药，具有润肺止咳、宁神安心、清热解毒、止血消肿、补中益气、通二便等功效。除观赏药用外，还可鲜食及加工。百合花外表高雅纯洁，素有“云裳仙子”之称；其鳞茎由鳞片抱合而成，有“百年好合”、“百事合意”之意，为国人所喜爱。

（九）仙客来（*Cyclamen persicum*）

别名萝卜海棠、兔耳花、兔子花、一品冠、篝火花、翻瓣莲，报春花科仙客来属植物。

形态特征

多年生草本，球茎肉质，呈扁圆形块状或球状，紫黑色。叶片由块茎顶部生出，心形、卵形或肾形，叶缘有细锯齿，叶面绿色，具有白色或灰色晕斑，叶背绿色或暗红色，叶柄较长，红褐色，肉质。花单生，花蕾育成期呈下垂状，至开放时逐渐抬头挺拔。花有白、粉、玫红、大红、紫红、雪青等色，基部常具深红色斑，有单色和复色；花瓣边缘多样，有全缘、缺刻、皱褶和波浪等形；花期12月至翌年5月。蒴果球形，种子褐色。

生长习性与管理要点

喜冷凉、湿润的气候。生长适宜温度为12~20℃；不耐炎热，夏季温度在30℃以上，球茎被迫休眠，超过35℃，易受热腐烂，甚至死亡；冬季温度低于10℃，花朵易凋谢，花色暗淡，5℃以下，则生长缓慢，叶卷曲，花不舒展，花色暗淡，开花少。喜光，但忌强光直射，若光线不足，叶子徒长，花色不正。要求疏松、肥沃、富含腐殖质，排水良好的微酸性沙壤土，如酸度偏大（pH值小于5.5），幼苗生长会受到抑制。仙客来喜水又忌湿，盆土需要保持湿润，但要防止积水或渍涝，否则容易烂根。

繁殖方法

（1）播种繁殖 播种时间以9月上旬为宜，可用浅盆或播种箱点播。为提早发芽和萌芽整齐，播前可采用浸种催芽（脱毒种子即时播种不必催芽），用冷水浸种24小时或用30℃温水浸泡2~3小时，洗去种子表面黏着物，包入湿布催芽，在25℃下，处理1~2天，待种子稍微萌动，即取出播种。幼苗出现第一片真叶、球茎约黄豆大时，行第一次分苗，移栽时，小球茎不宜埋深，球茎顶部略高于土面；6~7片真叶时，可单独分栽于6厘米盆中。幼苗生长以半阴为宜，早晚多见阳光。盛夏要遮阴并喷雾降温，有利于球茎发芽和叶片生长。一般品种从播种至开花需24~32周，迷你品种需26~28周。

（2）分割块茎法 于8月下旬块茎即将萌动时，将块茎自顶部纵切成数块，每块需带有芽眼，切口涂以草木灰或木炭粉，稍晾干后，即可上盆栽植。在20℃温度下养护管理，促使不定芽形成。分割后的3~4周土壤保持适当干燥，以免伤口分泌黏液，感染细菌，引起腐烂。一般分割后75天形成不定芽，9个月后有10余片叶可用12~16厘米盆栽，养护2~3个月后开花。

家庭的观赏

仙客来花形奇特，株形美观、别致，花盛色艳，还有具香味的品种，深受人们青睐。盆栽观赏，适宜在家庭中点缀在有阳光的几架、书桌上。仙客来对空气中的有毒气体二氧化硫有较强的抵抗能力，并经过氧化作用将其转化为无毒或低毒物质，从而改善室内环境。但要注意的是仙客来的块茎有毒，误食可能会导致腹泻、呕吐等症状；皮肤接触后可能会引起皮肤红肿瘙痒。

（十）唐菖蒲 (*Gladiolus hybridus*)

别名菖兰、剑兰、十样锦等，鸢尾科唐菖蒲属植物。

形态特征

多年生草本，地下球茎扁圆，有膜质或纤维质褐色外皮包裹。叶片呈剑形，质硬，7~8片嵌叠状排列，长60厘米，宽4~5厘米，有多数显著平行脉。聚伞花序，着花12~24朵排成2列，偏于一侧；花冠呈漏斗状，稍向上弯曲，花径12~16厘米。花茎从叶丛中抽出。花色有白、黄、淡红、胭脂红、浅紫、橙红、天蓝及各种斑纹色；有单瓣、半重瓣之分，以单瓣为多。花期5~9月。蒴果，种子深褐色扁平有翅。有上万个品种，按花期不同，可分为春花种和夏花种两大类。按裂片形态不同，则可分为平瓣型、皱瓣型和波瓣型三种。

生长习性与管理要点

喜光性长日照植物，喜凉爽气候条件，不耐过度炎热，适宜生长温度白天为20~25℃，夜间为10~15℃。通过休眠期的球茎，在温度4~5℃时萌芽，冬季栽培中处于0℃低温时植株冻死。不耐涝，栽培地忌积水，喜肥沃、排水良好的沙质壤土，pH值以5.6~6.5为佳。

繁殖方法

（1）分球繁殖 秋后地上部分枯萎后，将地下球茎挖出，母球周围一般有2个以上新球，有些品种在新球基部有匍匐枝，其先端也生子球。繁殖时，利用子球自然分离栽培。一般培养2年能形成开花的大球，其中较大的也可当年开花。为加速繁殖，亦可将球茎分切，每块必须具芽及发根部位，切口涂以草木灰，稍晾干后栽种，长成新的植株。

（2）播种繁殖 春、秋季均可播种。为提高种子发芽率，可剥去种翅，用40℃左右的温水浸泡5~6小时后晾干播种，春播时种子需经干燥低温贮藏。3月底或4月初播种，覆土1.2厘米，约1个月后出苗。9月前后地上部分枯死，将小球掘起贮藏。翌年春季重新栽种于苗床，覆土为小球高的2倍，水肥管理须适度。春播的幼苗培植2年后开花。秋播需在温室内进行，温度不低于13℃，最适温度为20~25℃，1~2个月后出苗。翌年春地面部分的叶片枯死，地下形成小球，挖出后在温室晾晒5~6天，再用40℃温水浸泡24小时，晾干，于4月将小球栽于露地，入秋可少数开花，多数要再培养1年才开花。

家庭的观赏

花形美观、色彩鲜艳、瓣如薄绢，十分惹人喜爱，是世界四大切花之一。园林上也可用于布置花镜及专类花坛，矮生品种可盆栽观赏。唐菖蒲花色丰富、艳丽、穗状花序较长，从下至上陆续开放，主要用于瓶插或制作花束、花篮。做盆栽观赏时可放于光线好的地方，如窗台、阳台等。因其对氟化氢非常敏感，还可用作监测污染的指示植物。唐菖蒲有“用心”、“节节高升”、“福来”、“富贵”或“坚固”的象征意义。

（十一）郁金香(*Tulipa gesneriana*)

别名洋荷花、草麝香，百合科郁金香属植物。

形态特征

多年生草本，鳞茎扁圆锥形，具棕褐色皮膜，茎、叶光滑具白粉。叶基生，3~5枚，披针形或卵状披针形，全缘并呈波状皱。花大，单生茎顶，直立，花冠杯状或盘状。花被6枚；花色有白、粉红、洋红、紫、褐、黄、橙等，深浅不一，单色或复色。花期一般为3~5月，白天开放，夜间及阴雨天闭合。子房3室，蒴果背开裂，种子扁平。

郁金香的园艺栽培品种多达8 000个。通常按花期有早、中、晚之分；按花形可分为杯形、碗形、百合形、鹦鹉花形、流苏花形及星形。

生长习性与管理要点

郁金香原产地中海沿岸、中亚细亚、土耳其，形成了适应冬季湿冷和夏季干热的特点。冬季球茎可耐－35℃的低温，温度为8℃时即可生长；生长期适温为15~20℃，最佳适温为15~18℃，基本生长规律是秋季开始萌芽生长，早春开花，夏季进入休眠，并在休眠期进行花芽分化。喜光，也耐半阴。喜富含腐殖质、肥沃而排水良好的沙质壤土，忌碱性及低湿黏重土壤。

繁殖方法

（1）分球繁殖 常用分球繁殖，以分离小鳞茎法为主。一年生的母球，花后在鳞茎基部萌发1~3个翌年能开花的新鳞茎和2~6个小球，而母球则逐渐干枯，可挖出鳞茎，去掉泥土晾干，分离出鳞茎上的子球，放在5~10℃的通风处贮存；9~10月分栽小球，大者1年，小者2~3年可培育成开花球。但要注意，凡子球为圆形，虽小也能开花，若子球为扁形，一般不会开花。

（2）播种繁殖 一般露地秋播，经过冬季低温于春季发芽，至6月地下部分已形成鳞茎，待其休眠后挖出贮藏，到秋季种植，经过3~5年才能开花。

家庭的观赏

开花早，花色繁多，色彩艳丽。郁金香被视为胜利和美好的象征，也可代表优美和雅致，深受人们喜爱，其矮壮品种布置春季花坛，高茎品种适用切花或布置花镜、花坛；中、矮品种适宜盆栽，点缀庭院、室内，增添欢乐气氛。

（十二）大岩桐(*Sinningia speciosa*)

别名落雪泥，苦苣苔科苦苣苔属植物。

形态特征

多年生草本。块茎扁球形，地上茎极短。株高15~25厘米，全株密被白色绒毛。叶对生，肥厚而大，卵圆形或长椭圆形，有锯齿；叶脉间隆起，自叶间长出花梗。花顶生或腋生，花冠钟状，先端浑圆，5~6浅裂；花色丰富，有粉红、红、紫蓝、白、复色等色。

生长习性与管理要点

喜温暖、湿润环境，忌阳光直射。有一定的抗炎热能力，但夏季宜保持凉爽，23℃左右有利开花，1~10月适宜温度为18~23℃，10月至翌年1月为10~12℃，越冬室温5℃以上。生长期要求空气湿度大，冬季休眠期保持干燥，如湿度过大，温度又低，块茎易腐烂。要求肥沃、疏松而排水良好、富含腐殖质的微酸性土壤。

繁殖方法

（1）播种繁殖　大岩桐种子细小，每克种子28 000粒左右。播种不宜过密，播后将播种盆置浅水中浸透后取出，盆面盖玻璃或塑料，置半阴处。温度在20~22℃时，约2周后出苗，苗期避免强光直晒，经常喷雾，一般从播种到开花约需18周，即秋播后翌年4~5月开花，春播7~8月开花。

（2）扦插繁殖 大岩桐扦插可用叶插，也可用芽插。叶插选用生长健壮、发育中期的叶片，连同叶柄从基部取下，剪去一半叶片，将叶柄斜插入湿沙基质中，遮阴，保持温度25℃和较高的空气湿度，15天便可生根，待长出小苗后移入小盆。当年只形成小球茎，休眠后再由球茎上发出新芽，经过一段时间的培养，翌年6~7月开花。芽插则在春季种球萌发新芽长达4~6厘米时进行，将萌发出来的多余新芽从基部掰下，插于沙床中，并保持一定的湿度，经过一段时间的培育，翌年6~7月开花。

（3）分球法 选经过休眠的2~3年老球茎，于秋季或12月至翌年3月先埋于土中浇透水并保持室温22℃进行催芽。当芽长到0.5厘米左右时，将球掘起，用利刀将球茎切成2~4块，每块上须带有1个芽，切口涂草木灰防止腐烂。每块栽植一盆，即形成一个新植株。

家庭的观赏

大岩桐花株形小巧，叶片翠绿秀丽，花姹紫嫣红、雍容华贵，是装饰室内及窗台的理想盆花。

（十三）马蹄莲（*Zantedeschia aethiopica*）

别名慈姑花、水芋、观音莲，天南星科马蹄莲属植物。

形态特征

多年生草本，株高60~70厘米，具肥大肉质块茎。叶基生，有长柄，叶柄一般为叶长的2倍，下部呈鞘状折叠抱茎；叶卵状箭形或戟形，全缘，鲜绿色。花梗从叶旁抽生，高出叶丛；肉穗花序包藏于佛焰苞内，佛焰包形大、开张呈马蹄形；肉穗花序圆柱形，鲜黄色，花序上部着生雄蕊，下部着生雌蕊。浆果，子房1~3室，每室含种子4粒。

目前常见栽培的有3个品种：白梗马蹄莲，块茎较小，生长较慢，但开花早，着花多，花梗白色；红梗马蹄莲，花梗基部稍带红晕，开花稍晚于白梗马蹄莲；青梗马蹄莲，块茎粗大，生长旺盛，开花迟，花梗粗壮，略呈三角形，佛焰苞端尖且向后翻卷，黄白色。

生长习性与管理要点

喜温暖，不耐寒，生长适宜温度为18℃左右，越冬在5℃以上。要求富含腐殖质、松散略带黏性的肥沃培养土。冬季需要充足的日照，光线不足开花少。夏季阳光过于强烈时需适当遮阴。喜潮湿，稍有积水也不太影响生长，但不耐干旱。秋末入温室养护，冬、春季开花，入夏高温干燥时被迫休眠，在冬无严寒、夏不干热、温和湿润的环境条件下，全年不休眠。

繁殖方法

以分球繁殖为主。在花后或夏季休眠期，将块茎挖起，分大、中、小三级分别栽植，大块茎用于栽植观花，小块茎培养2年后也可开花。

家庭的观赏

花形独特，洁白如玉，花叶同赏，是盆栽、切花、花束、花篮的理想材料。马蹄莲株形优美，花期长达6个多月，是很好的盆栽观赏花卉，常置于茶几、案头等处，烘托书房、厅堂典雅的气氛。马蹄莲鲜块茎适量，捣烂外敷，可治烫伤；马蹄莲有毒，禁忌内服。

（十四）香石竹 (*Dianthus caryophyllus*)

别名康乃馨、荷兰石竹，石竹科石竹属植物。

形态特征

常绿亚灌木，作多年生宿根花卉栽培。株高30~70厘米。茎簇生，具分枝，节明显。叶对生，线状披针形，先端钝，基部坚硬，两面具白粉。花具芳香，单生、2~3朵簇生或成聚伞花序；萼下有菱状卵形小苞片4枚，先端短尖，长约为萼筒的1/4；萼筒绿色，5裂；花瓣不规则，边缘有齿，单瓣或重瓣，有红色、粉色、黄色、白色等。花期为4~9月，保护地栽培可四季开花。

香石竹品种极多，按用途可分为盆花（花坛）香石竹和切花香石竹两大类。按花色可分为纯色香石竹，花瓣无杂色，主要有白、桃红、玫瑰红、大红、深红至紫、乳黄至黄、橙等色；异色香石竹，在一种底色上有2种以上不同的色彩，自瓣基直接向边缘散布斑点或斑痕；双色香石竹，在一种底色上只有一种异色自瓣基向边缘散布；斑纹香石竹，花瓣边缘有一圈很狭的异色，其余为纯色。

生长习性与管理要点

喜凉爽，不耐炎热。生长适宜温度为14~21℃，白天温度为20℃左右，晚间温度为15℃。在14℃以下，温度越低，生长越慢，甚至不开花。对白天

25℃以上的高温适应性差，温度过高时，则生长快，茎秆细弱，花小，花萼开裂。喜光，需要选择阳光充足、通风的场所。以pH值为6.0~7.5、疏松肥沃、富含腐殖质而排水良好的沙壤土为宜。

繁殖方法

（1）扦插繁殖 除夏季高温外，均可进行。温室以1~3月和9~10月为宜，露地以4~6月和9~10月为好。插床用苗床或塑料箱，基质以40%珍珠岩和60%泥炭土的混合物最好。插穗要选择植株中部的侧枝，取健壮无病虫害枝条，以叶宽厚、色深而不卷、顶芽未开放的为佳。插条长10厘米左右。插前先将插条基部2片叶去掉，留上部2~4片叶，并用0.2%吲哚丁酸速蘸基部1~2秒，生根效果显著。生根适温为10~13℃，超过32℃会损害插条和抑制生根。插后即浇1次透水，用60%~70%遮阳网遮光，插后20~25天生根。

（2）播种繁殖 以秋播为好，播种适温为18~20℃，播后7~10天发芽，正常发芽率为60%。幼苗需经过移植，培育2~3个月可成为种苗。

家庭的观赏

香石竹是优良的切花品种，常与唐菖蒲、文竹、天门冬、蕨类组成优美的花束。矮生品种还可用于盆栽，点缀居室、窗台、阳台，具有新鲜感和时代感。

香石竹鲜花体态玲珑、端庄大方、芳香清幽，它的花语是热情、魅力、母亲我爱你、温馨的祝福等，所以儿女多献给自己的母亲，祝母亲健康平安。

三 木本花卉

（一）月季（*Rosa chinensis*）

别名长春花、月月红、四季蔷薇，蔷薇科蔷薇属植物。

形态特征

常绿、半常绿或落叶灌木或藤本，株高30~500厘米，枝梢开张有芳香，花色丰富，花期自盛春至冬初，花径5厘米，果红色，倒卵形。现代月季是由我国香水月季、月月红、十姊妹等输入欧洲后与当地月季及西亚各种蔷薇属植物反复杂交而成，有很多品种，主要栽培类型有杂种香水月季、杂种长春月季、杂种小月季与小姊妹月季、杂种藤本月季等。

生长习性与管理要点

喜温，又喜光，22~24℃生长良好，超过30℃会出现花小，色浅，味淡，花开不持久，生长减缓。月季较耐寒，一般-10℃以上不需防寒。月季不耐阴，在现蕾开花期，每天光照不低于5~6小时，但在开花时，烈日直射，会使花的寿命缩短。月季喜肥沃湿润的土壤，忌涝、忌旱，栽培时应选择疏松、肥沃、排水及通气性好，又具一定保肥能力的黏质土壤，pH值为6.8~7.2的微酸或微碱性土壤最适。

繁殖方法

月季一般用扦插、嫁接、压条等无性繁殖的方法。扦插繁殖可分嫩枝扦插、硬枝扦插、芽插。

（1）嫩枝扦插 在月季生长最好的季节（4~5月、9~10月）进行。温度在20~25℃时最易生根成活。插后管理要遮阴，并用塑料薄膜保湿，晚上揭开以便通风换气，土壤保持湿润，半个月左右逐渐增加光照射时间，以利生根。当新芽长出，老叶不脱落时，说明插条已生根成活，即可移栽。

（2）硬枝扦插 在月季落叶进入休眠期到翌年春天发芽前都可进行扦插。剪取10厘米长带有3~4个叶芽的枝条作为插条，到翌年春天插穗发芽时，揭去塑料薄膜，当幼叶长大并转绿时，下部根系长好后即可移栽。

（3）芽插 等新芽长到3~7厘米时，可轻轻用手掰下，也可用刀片从芽基部紧贴枝干切下，用清水洗净后可扦插。插时用比插芽略细一点的木棍戳孔，将芽顺孔插入的深度为芽长的1/3，使其与土壤贴紧，浇透水，同样罩上塑料薄膜，但罩内湿度不宜过大，每天通气1~2次，保持土壤潮湿，约半个月后可生根，20天后可去掉塑料薄膜，带土移栽。

家庭的观赏

月季花色美，按月开放，花期较长，在庭院中以片植或栽植花坛、花镜，也可用于切花，制作花篮、花环、盆景等。

根据月季植株大小选用适宜的盆钵，可以摆放在阳台、客厅、书房、书桌、卧室等场所。由于月季喜光，不能长时间摆放在阴暗处。另外由于月季带刺，有小孩的家里尽量摆放在孩子不能轻易接触的地方。

由于月季花期较长，从4~10月都可开花，花量大，所以可瓶插水养。把切花在花瓶、水盆等容器中水养，对烘托和渲染气氛有特殊的作用，尤其适合点缀客厅、书房、卧室，显得清幽秀雅，使人赏心悦目。

月季还能插花（艺术插花）。插花是按照作品主题和环境布置的要求，把选定的花材进行艺术加工（修、截、交接、造型等），选择适宜的容器、几架、摆件，经过精心插作和陈设等艺术创造过程而生产的精美花卉艺术品，它是自然美和生活美的再现。

（二）梅花(*Prunus mume*)

蔷薇科李属植物。

形态特征

小乔木，最高可达8米，小枝光绿无毛，叶椭圆形或卵形，长4~8厘米，先端尾尖，具尖锯齿。花单生，近无梗，白色、淡红色或紫红色，径2~2.5厘米，花香浓郁。果球形，径2~3厘米，黄色或绿白色。花期为1~3月，果期为5~7月。

梅花品种及变种很多，目前比较大的品种有30多个，小品种有300多个，品种按枝条及生长姿态可分为叶梅、直角梅、照水梅和龙游梅等；按花色花形可分为宫粉梅、红梅、照水梅、绿萼梅、大红梅、玉蝶梅、洒金梅等。其中宫粉梅最为普遍，花瓣粉红，着花密而浓；玉蝶梅花瓣紫白；绿萼梅花瓣白色，香味极浓，尤以“金钱绿萼”为好。

生长习性与管理要点

梅花喜温暖气候，花期对气候变化特别敏感。喜空气湿度较大，但花期忌暴雨。阳性树种，喜阳光充足、通风良好的环境。为长寿树种。长江流域花期为12月至翌年3月。

梅花虽对土壤要求并不严格，但土质以疏松肥沃、排水良好为佳。幼苗可用园土或腐叶土培植。对水分较敏感，虽喜湿润但怕涝。若盆土长期过于湿润会导致落叶黄叶。不喜大肥，在生长期只需施少量稀薄的肥水。可耐-15℃的温度。

繁殖方法

常以嫁接为主。砧木可用桃（毛桃、山桃）、杏和梅的实生苗或桃、杏的根。嫁接可在不同的季节进行。

（1）春季嫁接 早春发芽前可采取切接、皮下接（砧木较大者），也可用芽接（包括长片小芽腹接）、劈接等。

（2）夏季嫁接 在第一次新梢成熟、第二次新梢萌发前，进行接穗带叶劈接。劈接适于多品种嫁接或高枝换冠，但必须套袋保湿遮阴。

（3）秋季嫁接 秋季宜采用腹接，最好采用长片小芽全封闭腹接。此法操作简单，愈合好，成活率高，风吹不易折断。如当年不萌发，翌年春季树液开始流动时，可在芽眼处轻挑一小孔，芽就能萌发出来。

（4）冬季嫁接 冬季采用根接法效果很好，方法是在冬季休眠期，将桃、杏或毛桃健壮无病虫害的新根（直径1厘米或更粗）小心挖出，尽量保留须根，然后剪成10~15厘米长的小段备用。粗者采用切接或皮下接，细者（直径1厘米左右）采用劈接，接后栽入背风向阳、不积水的沙壤土中，覆土埋住绑扎处，浇透水。冬季管理粗放，翌年春季即能萌发。此法嫁接发芽早、长势快。嫁接新株1~2年后开花。

家庭的观赏

梅常被民间作为传春报喜的吉祥象征，梅花是岁寒三友之一，自古以来，人们都赞美它的傲雪精神。盆栽可摆放在书房，以增加喜气。

由于梅花含有苯甲醛，苯甲醛是有毒性的化学物质，因此建议不要把梅花放在卧室里，最好放在有空气流动的地方，或定期开窗以流通室内空气。

（三）蜡梅(*Chimonanthus praecox*)

蜡梅科蜡梅属植物。

形态特征

落叶灌木，高可达4~5米。常丛生。叶对生，近革质，椭圆状卵形至卵状披针形，先端渐尖，全缘，芽具多数覆瓦状鳞片。冬末先叶开花，花单生于一年生枝条的叶腋，有短柄及杯状花托，花被多片呈螺旋状排列，黄色，带蜡质，花期为12月至翌年1月，有浓芳香。瘦果多数，6~7月成熟。

生长习性与管理要点

野生蜡梅生长于海拔300~700米的地区，常生于山地林中。灌木类树种，丛生性很强，上盆前首先应保留株丛中央一根较粗的主枝而将其他枝条从基部剪掉；上盆后，再将主枝基部30厘米处萌发出的侧枝去掉，上面保留3根分布均匀的侧枝，同时对主枝进行顶部短截。以后每年都会发生大量根蘖条和新的小侧枝，除在花谢后及时短截花枝以促使其腋芽萌发而形成更多的花枝外，还应疏剪过密的侧枝，同时把根蘖条全部除掉，从而保持小乔木状的树形。

蜡梅是深根性植物，应使用较深较大的花盆来栽植。在庭院中露地栽培以北京为临界线，但应栽在背风向阳的建筑物南侧才不会受冻。就北京地区而言，落叶后仍应放在室外养护，这时花苞已经形成，到大雪前（12月）再移入室内。如室温较高，元旦前即可开花；如果室温低，花期可延迟到春节前后。花后应移入0℃以下的冷室内贮存，防止过早地抽生新梢和叶；否则，植株徒长，影响花芽分化，对来年开花不利。

繁殖方法

（1）播种繁殖 7~8月采收坛形花托，取出种子，随收随播，10天左右发芽。

（2）分株繁殖 此种方法主要是繁殖素心蜡梅时采用。因其根侧丛条茂生，故可分株。

（3）地栽培育 地栽蜡梅，若任其自然生长，则枝条杂乱丛生，所以一般采用独干培育。定植一年后选留一强壮的枝条，培土施肥，其余枝条全部剪除，年内可高达1~2米。

（4）老根嫁接 切接法比靠接法稍好。剪前1个月，先去顶梢，使营养集中于枝的中部；削穗不宜深，以微露木质部为宜。砧木离地3~6厘米处断截，切砧木不宜深，接后缠上麻。最后在嫁接处用碎土壅成馒头状，直到接穗顶盖住；土以半干半湿为好，1个月后去壅土，使芽长出；同时剪去砧木上的萌蘖，如天气不好，要把土重新壅上。

家庭的观赏

蜡梅属于阳性植物，但耐阴性也很强，因此在温暖地区也可放置于室内，只要早晚能见到斜射光就能正常生长；冬季落叶后更不需要充足的阳光，可置于阳台、卧室、书房等处。

（四）牡丹(*Paeonia suffruticosa*)

芍药科芍药属植物。

形态特征

多年生落叶小灌木。株形小，株高多在0.5~2米；根肉质；当年生枝光滑、草本，黄褐色，常开裂而剥落；叶互生，叶片通常为三回三出复叶，枝上部常为单叶，小叶片有披针、卵圆、椭圆等形状，顶生小叶常为2~3裂，叶正面深绿色或黄绿色，背为灰绿色，光滑或有毛；总叶柄长8~20厘米，表面有凹槽；花单生于当年枝顶，两性，花大色艳，形美多姿，花有白、黄、粉、红、紫红、紫、墨紫（黑）、雪青（粉蓝）、绿、复色十大色。种圆形，成熟时为黄色，老时变成黑褐色。

生长习性与管理要点

牡丹宜凉怕冻，宜暖怕热，宜光怕阴，宜干怕湿。因此，种植牡丹要选宽敞通风、上午有阳光、土壤肥沃疏松的地方。基肥要足，定植时施入堆肥、饼肥或粪肥。追肥要控制，春季花后可追肥1次，粪肥必须腐熟，不可过浓。夏季不追肥。施肥以冬肥最重要，施冬肥要结合培土。新种牡丹不宜施浓肥，尤忌浇浓粪，否则肉质根会发霉烂死。养分来源以基肥为主。花后虽处于生长季节，也不宜施液肥。种植1年以后，也要以冬施固体基肥为主。牡丹浇水不宜多，冬季一般不浇水。

繁殖方法

（1）播种　此法多用于培养砧木和培育新品种。8月下旬种子成熟后适时采收、随采随播或以种量2~3倍的湿沙贮藏后播种；若已风干的种子种皮坚硬，应以50℃温水浸润，自然冷却持续24小时再取出播种，播后保持湿润。出苗后注意水肥管理，2年后开始移栽定植，再经1~2年即可开花。

（2）嫁接繁殖　接穗采用当年生的芽或枝芽，芽发育充实，芽体饱满，无病虫害、无创伤。穗长3~6厘米，粗0.3~0.8厘米，随采随用。砧木选用2~3年生同属植物芍药的根，根表皮要光滑、无病虫创伤，长10~15厘米，粗1~2厘米，使用前晾一会儿使稍软。嫁接时用麻皮儿做绑缚材料。嫁接的时间为9~10月的晴天。嫁接的操作规程是：按嵌合劈接法削接穗，然后在砧木上端光滑平直处横切，切口要平，立即在其一侧纵切一刀，使切口稍长于接穗削面长度。嵌入接穗，形成层密接绑绳。抹泥封口，栽入圃中。嫁接后1~2个月不能浇水，只可喷雾。翌年秋天时平茬刺激萌发枝条。

家庭的观赏

牡丹为我国特产名花，有“花王”之誉，品种繁多，色彩富丽，秆曲枝展，姿态古雅。牡丹盆景如再缀以湖石，更为优美。盛花时，花大叶肥，秀韵多姿，香味浓郁。花色有洁白如雪，紫黑如墨，黄似金，殷如血，难以尽状。最奇者为二乔牡丹，红白相间，平分春色，相映成趣，甚为悦目。牡丹于暮春谷雨时节开放，此时百花失宠，落英缤纷，而牡丹独艳，故有诗赞咏：“桃时杏日不争浓，落尽春红始见花。”“春花谁做韶华主，总领群芳是牡丹，云想衣裳花想容，春风拂槛露华浓”等。牡丹花色艳丽，花朵硕大，甚是可人，可置于客厅、阳台、卧室、书房等处观赏。

（五）山茶(*Camellia japonica*)

山茶科山茶属植物。

形态特征

常绿灌木，株高可达15米。小枝黄褐色。叶互生，卵圆形至椭圆形，边缘具细锯齿。花单生或成对生于叶腋或枝顶；花径为5~6厘米，有白、红、淡红等色，花瓣5~7枚。

生长习性与管理要点

山茶原产于我国西南部及日本，为暖温带树种，适于温暖湿润的环境，过热过冷均不适宜。在夏无酷日、冬无严寒、雨量充沛、空气湿润的环境，最适于山茶的生长。山茶对低温的耐受程度，各品种间表现出一定的差异：单瓣型品种耐寒性比一般品种要强，能耐-10℃的低温；名贵品种对低温的耐受力低。山茶喜半阴半阳，忌晒。幼树耐阴，大树则需一定光照，每天见阳光3小时以上，才有利于开花。但夏季强烈阳光直射会引起叶面严重灼伤，小枝枯萎。宜散射光，不宜直射光，故夏季需遮阳。冬季则以南面有全光，西北面能挡风为好。山茶喜肥沃、疏松、微酸性的壤土或腐殖土，pH值在4.5~6.5都能生长，偏碱土壤和黏重积水的地方不适于山茶生长。对土壤水分要求是喜润忌湿，土壤排水良好，在雨季要注意排水，以免引起根部腐烂致死。

繁殖方法

（1）扦插繁殖 以6月中旬至8月底最为适宜。选树冠外部组织充实、叶片完整、叶芽饱满的当年生半木质化熟枝为插条，长8~10厘米，先端留2片叶。剪取时，基部尽可能带一些老枝，插后易形成愈伤组织，发根快。插条清晨剪下，要随剪随插，插入基质3厘米左右，扦插时要求叶片互相交接，插后用手指按实。以浅插为好，这样透气，愈合生根快。插床需遮阴，每天叶面喷雾，保持湿润，温度维持在20~25℃，插后约20天开始愈合，6周后生根。当根长3~4厘米时移栽上盆。扦插时使用0.4%~0.5%吲哚丁酸溶液浸蘸插条基部2~5秒，有明显促进生根的效果。

（2）嫁接繁殖 常用于扦插生根困难或繁殖材料少的品种。以5~6月、新梢已半木质化时进行嫁接成活率最高，接活后萌芽抽梢快。砧木以油茶为主，10月采种，冬季沙藏，翌年4月上旬播种，待苗长至4~5厘米，即可用于嫁接。采用嫩枝劈接法，用刀片将芽砧的胚芽部分割除，在胚轴横切面的中心，沿髓心向上纵劈一刀，然后取山茶接穗一节，也将节下基部削成正楔形，立即将削好的接穗插入砧木裂口的底部，对准两边的形成层，用棉线缚扎，套上清洁的塑料口袋。约40天后除去口袋，60天左右才能萌芽抽梢。

（3）压条繁殖 雨季选用健壮一年生枝条，离顶端20厘米处环状剥皮，宽1厘米，用腐叶土缚上后包以塑料薄膜，约60天后生根，剪下可直接盆栽，成活率高。

家庭的观赏

山茶花花期长，一般从10月始花，翌年5月终花，盛花期为1~3月，从总体来说，可历时7~8个月之久。恰处元旦、春节的隆重节日气氛之中，因而身份更加高贵。古往今来，它为世人所喜爱，为文人墨客所倾倒。它备受欢迎，走进了千家万户，也被许多的诗词歌赋所赞颂。可以摆放在客厅，对称布置，也可置于阳台、卧室、书房等场所。

（六）贴梗海棠(*Chaenomeles speciosa*)

别名铁脚海棠、铁角海棠，蔷薇科木瓜属植物。

形态特征

落叶灌木。枝开展、有刺，单叶互生，长卵形至椭圆形。花先叶开放，单生或数朵簇生于二年生枝条上，多为朱红色，也有白花变种，花梗极短。花期为3~4月。梨果卵形至球形，长5~10厘米，黄色或黄绿色，有香气，10月果熟。

生长习性与管理要点

适应性较强，比较耐寒，华北地区都能露地过冬。对温度反应很敏感，同一地方，栽在背风向阳的比背阴处要提前4~6天开花。对土壤要求不严，但不耐水涝，忌湿耐旱。土壤水分过多，往往植株瘦弱，枝叶生长细薄，抗逆性明显降低。土壤排水不良和积水，常引起烂根，严重时则窒息枯死。贴梗海棠为阳性树种，要求光照充足，然而在稍有荫蔽处仍能良好生长，正常开花。

繁殖方法

贴梗海棠可用分株、压条、扦插等方法进行繁殖。

（1）分株繁殖 于春、秋两季进行。挖出母株后，根据根的长势，用利刀分截，每株有一主干即可，然后分栽，浇足水，放背阴处养护，一般很容易成活。成活后进行正常养护管理。

（2）压条繁殖 于3月下旬至9月下旬进行。选择长而壮的枝条压入土中，用“U”字形铁丝扣住枝条加以固定，再盖上8~10厘米土层，并将覆土压实。约经50天即可生根，再经2个月左右将压条从母株上割下，另行栽植。

（3）扦插繁殖 在春、夏、秋三季均可进行，以夏季进行最为合适。选二年生健壮枝条，将其截成14~18厘米长的段用作插穗，将插穗下部的叶片剪去，然后插入床土中，深度约为插穗的1/2，浇足水，放在背阴处养护，保持床土土壤湿润，经1个月左右生根移栽。

家庭的观赏

花朵鲜润丰腴、绚烂耀目，是庭院中主要春季花木之一，既可摆放在客厅，亦可布置在书房、卧室、阳台，又可作盆栽观赏，也是理想的花果树桩盆景材料。

贴梗海棠原产我国中部，在我国南北各地均有栽培。早春叶前开花，花早而艳，花朵端庄鲜丽而深受人们喜爱，唐代花谱中称之为花中神仙。宋代诗人苏轼赋诗赞曰：“东风袅袅泛崇光，香雾空蒙月转廊。只恐夜深花睡去，高烧银烛照红妆。”

（七）石榴(*Punica granatum*)

别名安石榴、海榴。石榴科石榴属植物。

形态特征

落叶灌木或小乔木。具针状枝，叶呈倒卵形或椭圆形，无毛。花期为5~6月，花多为朱红色，亦有黄色和白色。浆果近球形，果熟期为9~10月。外种皮肉质半透明，多汁；内种皮革质。原产于伊朗及其周边地区。

生长习性与管理要点

喜光，有一定的耐寒能力。喜湿润肥沃的石灰质土壤，在我国有悠久的栽培历史，分布范围广泛。既适宜于大田，也适于庭院栽培，还宜于盆栽；既能生产果实，又可供作观赏。

石榴在北方为落叶性灌木或小乔木，在热带地区则为常绿果树。树高一般为3~4米，也可高达5~6米。根际易生根蘖，可用于更新或分株繁殖。

繁殖方法

其种子易保存，发芽力强。用种子繁殖的实生苗，生长健壮、寿命长，但变异大，多用来繁育新品种或繁殖砧木苗。留种用的石榴要等籽粒成熟后采摘，采种后搓去种皮，洗净阴干，用布袋装好置于通风干燥处挂存。初冬或早春播种，播种前用50℃的温水浸种。苗床应选沙壤地，施足基肥，深耕细耙，播深1.5厘米。然后注意保墒。

石榴枝条柔韧易压，容易生根，可以用一二年生枝压条繁殖。将树冠下部生长健旺的一年生枝，在树冠下面挖一条沟，将枝条拉下放入沟内，埋土踩实固定好，顶梢朝上，生长季内保持土壤湿润，秋季生根后和母株脱离，可剪成多个植株。

家庭的观赏

花红色，浆果近球形，从5～6月起开花可延续到11月，经常花中有果，果中有花，是花果双观的家庭理想盆栽花卉之一。也可以做成盆景，置于客厅、书房、卧室和阳台等处。

（八）桂花(*Osmanthus fragrans*)

又名“月桂”、“木樨”，俗称“桂花树”。木樨科木樨属植物。

形态特征

常绿灌木或小乔木，为温带树种。叶对生，多呈椭圆或长椭圆形，叶面光滑，革质，叶边缘中上部有稀疏的锯齿。花簇生，花冠分裂至基部，有乳白、黄、橙红等色。

生长习性与管理要点

性喜温暖、湿润。种植地区平均气温14~28℃，7月平均气温24~28℃，1月平均气温0℃以上，能耐最低气温为-13℃，最适生长气温是15~28℃。对湿度要求很高，年降水量1 000毫米左右，特别是幼龄期和成年树开花时需要水分较多，对土壤的要求不太严，但以土层深厚、疏松肥沃、排水良好的微酸性沙质壤土最为适宜。桂花的抗逆性强，既耐高温，也较耐寒，在我国秦岭、淮河以南的地区均可露地越冬。若在北方室内盆栽尤需注意有充足光照，以利于生长和花芽的形成。

繁殖方法

（1）嫁接繁殖 砧木多采用女贞、小叶女贞、小蜡、水蜡、白蜡和流苏等。剪取桂花一至二年生粗壮枝条，长10~12厘米，基部一侧削成长2~3厘米的削面，对侧削成一个45° 的小斜面；在砧木一侧约1／3处纵切一刀，深2~3厘米；将接穗插入切口内，使形成层对齐，用塑料袋绑紧，然后埋土进行培养。用小叶女贞作砧木成活率高，嫁接苗生长快，但寿命短，易形成上粗下细的“小脚”现象。用水蜡作砧木，生长慢，但寿命较长。盆栽桂花多采用靠接。

（2）扦插繁殖 在春季发芽以前，用一年生发育充实的枝条，剪成5~10厘米长的小段，剪去下部叶片，插于河沙或黄土苗床，株行距3厘米×20厘米，插后及时灌水或喷水，并遮阴，保持温度20~25℃，相对湿度85%~90%，2个月后可生根移栽。

（3）压条繁殖 可以分低压和高压两种。低压桂花必须选用低分枝或丛生状的母株，时间是春季到夏初，将其下部1至2年生的枝条，选易弯曲部位用利刀切割或环剥，深达木质部，然后压入3~5厘米深的条沟内，并用木条固定被压枝条，仅留梢端和叶片在外面。高压法是春季从母树选一至二年生粗壮枝条，同低压法切割一圈或环剥，或者从其下侧切口，长6~9厘米，然后将伤口用培养基质涂抹，上下用塑料袋扎紧。培养过程中，始终保持基质湿润，到秋季发根后，剪离母株养护。

家庭的观赏

中国有包括衢州市、汉中市在内的20多个城市以桂花为市花或市树。若在北方室内盆栽尤需注意有充足光照，以利于生长和花芽的形成。桂花对氯气、二氧化硫、氟化氢等有害气体都有一定的抗性，还有较强的吸滞粉尘能力，室内栽培效果好。由于秋季开花，香气宜人，所以古有“二月杏花八月桂”之说。可置于室内阳光充足的场所如阳台、靠南边的卧室、书房等处。

（九）九里香(*Murraya paniculata*)

别名九树香、七里香、千里香、万里香等。芸香科九里香属植物。

形态特征

常绿灌木。羽状复叶有小叶3~9枚，小叶片呈倒卵形或近菱形，最宽处在中部以上，长约3厘米，宽约1.5厘米；先端钝，全缘；叶黄绿色，上表面有透明腺点，小叶柄短或近无柄，下部有时被柔毛。室内盆栽株高1~2米，多分枝，直立向上生长。干皮灰色或淡褐色，常有纵裂。花白色，径约4厘米，花期为7~10月。浆果近球形，肉质红色，果熟期10月至翌年2月。

生长习性与管理要点

喜光，稍耐阴。喜温暖气候，不耐寒，北方多盆栽，冬季室温不得低于5℃。适宜于深厚肥沃而排水良好的土壤。在长江中下游地区必须在5℃以上室内方能越冬，耐阴湿也耐干旱，对土壤要求不严，在疏松肥沃的中性盆土中生长最佳。在换盆时，盆底需施一些长效性肥料或腐熟充分的有机肥料，生长期忌偏施氮肥，在孕蕾期宜多施磷、钾肥。

繁殖方法

（1）播种繁殖　于2~5月采收成熟红果，取出种子，随即播种，经30天便可发芽。

（2）扦插繁殖 在3~5月进行，选用二年生枝条，剪成20~25厘米扦穗，留半叶插于基质中（珍珠岩∶蛭石=1∶1），夏季可采用全光照间隙喷雾扦插法，扦插成活率可达90%以上。

家庭的观赏

九里香花白，有强烈香气，可传得很远。相传距其3.5千米香味仍可闻，故又名为“七里香”。花后还能结红色浆果，熟果可食用。既可盆栽供室内观赏，又可置于卧室、客厅、案头、阳台等场所欣赏。

（十）含笑(*Michelia figo*)

木兰科含笑属植物。

形态特征

常绿灌木或小乔木。分枝多而紧密组成圆形树冠，树皮和叶上均密被褐色绒毛。单叶互生，叶椭圆形，绿色，光亮，厚革质，全缘。花单生叶腋，花形小，呈圆形，花瓣6枚，肉质淡黄色，边缘常带紫晕，花香袭人，沁人心脾，有香蕉气味，这种花不常开全，犹如含笑之美人，花期为3~4月。果卵圆形，9月果熟。

生长习性与管理要点

适宜生于温暖湿润气候。喜半阴，在弱光（稍阴）下生长良好，常作庭院花卉栽培。喜光，但夏季怕阳光直射和干燥，在强光暴晒和干燥条件下，叶色易变黄。具有一定的耐寒能力，地栽只要用稻草稍加掩盖保护，即可露地越冬；若遇严寒，即使叶片全部落掉，根干也不会冻死。适宜在肥沃深厚的酸性土壤中生长，在石灰质土或碱性土中栽植，叶易发黄，生长不良。

繁殖方法

可用扦插、高压法和嫁接等方式繁殖。扦插宜于7月下旬至9月上旬为好，可取尚未发出新芽、但留有3~8片叶子的木质化枝条约15厘米，插穗基部黏附发根素插置于沙质土壤上，适当遮阴及保持环境湿润，2~3个月即可生根，再于翌春移植；高压法最适合于开花之后，即于4~5月进行较好，若是选择株龄为2~3年健壮枝条进行土压，则经3~4个月即可生根；嫁接应在5~6月实施，以木兰作为砧木，成活之后可快速生长。根部肥厚多肉的含笑花，不耐移植，若必须进行移植时宜多带土球，植株修剪、整形应在越冬之前进行。

家庭的观赏

含笑虽喜光，但怕强光直射，遇干燥、暴晒，则叶色枯黄。盆栽含笑最好放置在朝东的阳台上，避免日灼，如光照太强，宜适当庇荫。

（十一）扶桑(*Hibiscus rosa-sinensis*)

别名佛桑、朱槿，锦葵科木槿属植物。

形态特征

常绿大灌木或小乔木。叶似桑叶，也有圆叶。最大花径达25厘米，茎直立而多分枝，高可达6米。叶互生，阔卵形至狭卵形，长7~10厘米，花大，单生于上部叶腋间，有单瓣、重瓣之分，花色呈红、黄、粉、白等，花期全年，夏、秋季最盛。

生长习性与管理要点

扶桑为强阳性植物，性喜温暖、湿润，要求日光充足，不耐阴，不耐寒、旱，在长江流域及以北地区，只能盆栽，在温室或其他保护地保持12~15℃气温越冬。室温低于5℃，叶片转黄脱落，低于0℃，即遭冻害。耐修剪，发枝力强。对土壤的适应范围广，但以富含有机质、pH值为6.5~7的微酸性壤土生长最好。

扶桑于4月底5月初移出室外，进行修剪、换盆后放在向阳处。生长期每周浇1次稀薄液肥。扶桑生长期叶片可变黄脱落，主要是浇水不当造成的。浇水也要见干见湿。盆土常湿，影响根系呼吸，严重时还会烂根，甚至死亡。10月移入室内，温度保持在15℃以上，温度低会引起落叶。

繁殖方法

（1）扦插繁殖 插穗要选择一年生比较健壮的枝条，长度剪成10厘米左右，切口要平滑并应靠近节的基部。切后将下部叶片剪除，将上部每一片叶皆剪去1/2，以减少水分的蒸发。选取插穗可结合修剪整枝进行。

扦插时，最好用竹签或粗铁丝于插床的沙面上扎孔，然后再将插穗按孔插入，以免插穗直接插入时搓伤皮层。扦插的距离以插穗的叶片互不接触为准，一般4厘米左右，深度可为2~3厘米。插后喷水使插穗与沙粒密切结合，对因喷水而倾倒的插条要随手扶直。最后在插床上严密地盖好玻璃或塑料薄膜，如果放在阳光直接照射处，还应用苇帘给以遮阴。

（2）嫁接繁殖 以春季嫁接为好，因成活后当年生长期长，植株可得到充分的生长。温室条件下嫁接可四季进行。砧木多选易繁殖、生长健壮、管理粗放、适应性强的品种。一般多以粉喇叭种为砧木。

家庭的观赏

扶桑有鲜艳夺目的花朵，朝开暮萎，姹紫嫣红，在南方多散植于池畔、道旁和墙边，盆栽扶桑适用于客厅和入口处摆设。

（十二）三角花(*Bougainvillea spectabilis*)

别名九重葛、三叶梅等。紫茉莉科叶子花属植物。

形态特征

常绿攀缘状灌木。具有锐刺，枝叶密生茸毛，刺腋生。花生于新梢顶端，常3朵簇生于3枚较大的苞片内，苞片椭圆形，形态似叶，有红、淡紫、橙黄等色，俗称之为花。花梗与苞片中脉合生，花被管状密生柔毛，淡绿色，花期很长，各地不一。叶互生，全缘，卵形，有柄，叶面深绿色，具茸毛。

生长习性与管理要点

性喜温暖、湿润气候，不耐寒，喜光照充足，喜肥，对土壤要求不严格，以富含腐殖质的肥沃土壤为佳，生长强健，喜湿，极不耐旱，忌水涝，萌芽力强，耐修剪。三角花的生长适温为15~30℃，3℃以下叶片易遭冻害。三角花对水分的需要量较大，特别盛夏季节，水分供应不足，易产生落叶现象，直接影响植株正常生长或延迟开花。土壤过湿，会引起根部腐烂。三角花在充足阳光下可开花不断，花色鲜艳。

繁殖方法

多采用扦插、高压和嫁接法繁殖。扦插以3~6月为宜。高压繁殖约30天生根。移栽以春季为佳。

家庭的观赏

可作室内大、中型盆景观花植物，有时做切花或盆景。三角花苞片大而美丽，鲜艳似花，当姹紫嫣红的苞片展现时，给人以奔放热烈的感觉，在南方常作坡地、围墙的攀缘观赏植物，也用于布置绿篱和花坛。在江南地区常以盆栽为主，用于点缀门廊、庭院、厅堂入口处。

（十三）茉莉(*Jasminum sambac*)

木樨科茉莉属植物。

形态特征

常绿小灌木或藤本状灌木，高可达1米左右。枝条细长，小枝有棱角，有时有毛，略呈藤本状。单叶对生，光亮，宽卵形或椭圆形，叶脉明显叶面微皱，叶柄短而向上弯曲，有短柔毛。初夏由叶腋抽出新梢，聚伞花序，顶生或腋生，花3~9朵，通常3~4朵，花冠白色，极芳香。大多数品种花期为6~10月，由初夏至晚秋开花不绝，落叶型的冬天开花，花期为11月到翌年3月。

生长习性与管理要点

性喜温暖、湿润，在通风良好、半阴的环境中生长最好。以含有大量腐殖质的微酸性沙质土壤为最适合。大多数品种不耐寒、不耐旱、不耐霜冻、湿涝和碱土。冬季气温低于3℃时，枝叶易遭受冻害，如持续时间长就会死亡。

繁殖方法

（1）扦插繁殖 于4~10月，选成熟的一年生枝条，剪成长10厘米，去除下部叶片，顶端带1对完整叶片，插入泥、沙等量的插床，覆盖塑料薄膜，保持较高的空气湿度，插后20天左右愈合，随后嫩根生出，插穗顶端和节间腋芽萌发，50天左右，扦插苗进入正常生长。扦插以夏季生根最快，成活率也高，当年可以开花。用0.05%吲哚丁酸溶液将插条基部浸蘸3~5秒，处理的插条一般15~20天生根，成活率在90%以上，25天左右开始抽梢放叶。长成新植株后，进入正常管理。

（2）压条繁殖 选取较长的枝条，于15厘米处，最好在节下部轻轻刻伤，埋入盛沙、泥的盆内，保持湿润，2~3周后开始生根，约2个月后与母株割离成苗。

（3）分株繁殖 每年春季结合换盆，将枝条密集的茉莉扒开，分别盆栽，分株时适当修剪根系和地上部枝叶。

家庭的观赏

茉莉花洁白芳香，可置于书房、卧室、阳台、客厅等地方。

（十四）夜来香(*Telosma cordata*)

别名夜香花、夜兰香。萝藦科夜来香属植物。

形态特征

藤状灌木。小枝柔弱，有毛，具乳汁。叶对生，叶片宽卵形、心形至矩圆状卵形，长4~9.5厘米，宽3~8厘米。伞形状聚伞花序腋生，有花多至30朵；花冠裂片5枚，矩圆形，黄绿色，有清香气，夜间更甚，故有“夜来香”、“夜香花”之名；副花冠5裂，肉质，短于花药，着生于合蕊冠上，顶端渐尖；花粉块每室1个，椭圆形，直立。蓇葖果披针形，长7.5厘米，外果皮厚，无毛。种子宽卵形，长约8毫米，顶端具白色绢质种毛。

生长习性与管理要点

原产热带美洲，现在我国南方地区广泛栽培，北方则可盆栽。夜来香生长健壮，适应性强。性喜温暖、向阳和通风良好的生长环境，忌寒，要求疏松、肥沃土壤。繁殖容易，管理粗放，生长快速。盆栽夜来香要求通风良好的环境条件，5月初至9月底宜放阳光充足的地方养护。夜来香虽然喜阳光充足，但在夏季的中午应避免烈日暴晒。如是幼苗，每天应向叶面喷水1~2次。花谢后应将枯干枝条和过密枝条剪除。每年10月中下旬即需移入室内，室温要求

8~12℃，如温度低于5℃，叶片会枯黄脱落致死。

由于夜来香生长迅速，每年都须换盆。换盆宜在4月初出室前进行。换盆时要去掉部分旧土和老根，换上新的培养土，并进行重剪，以促发新枝。换盆后要保持盆土湿润，发现嫩叶略有下垂，要及时浇水。4月下旬开始每半个月追施1次稀液肥；5月中旬起即可保证不断开花提高其观赏价值。

繁殖方法

夜来香可扦插，春、夏、秋三季均可进行。

扦插基质可以是一般的沙壤土，但最好用糠灰与细沙以1∶1的比例配制成的混合扦插基质；春季扦插，可于枝条刚萌动，但尚未发叶前进行，剪取一年生壮实枝条，截成长10 ~20厘米的穗段，插入基质1/3~1/2，浇透水后，保持扦插基质湿润，盆插可将其搁放于20~30℃的环境中，约过30天即可长出完好的根系。夏、秋季扦插，可从当年生枝条半木质化稍强时开始，即6~10月均可进行，剪取当年生枝，截取基部一段，长约15厘米，去掉上部的嫩梢，叶片全部摘去，或只保留1~2片叶，用广口大花盆盛装的以1∶1比例混合的糠灰与细沙基质或用蛭石作基质。将穗条插入基质中深达1/2，浇透水后再用塑料薄膜覆盖好盆口并绑扎严实，将其摆放于荫棚下或大树浓阴中，不要让温度超过35℃，约过15天即可长出细长白嫩的根系。此时拔出已生根的扦插苗，改用疏松、肥沃、排水良好的新鲜培养土上盆。

家庭的观赏

花期在7~9月。夏天傍晚7时左右，花苞相继开放，花苞是瞬间绽开的，一朵花苞开放需要4~5秒。它的花香清而不浊，和而不猛，使人意醉情惬，气爽神怡。夜来香不需要人工细心去培植、管理，也能正常生长、开花、结实。置于窗前、院内，是人们夏夜乘凉的衬景花卉。为了防止因花香太浓而使人兴奋、失眠、头痛，室内不宜多放，晚间将其移到室外。

（十五）南洋杉(*Araucaria cunninghamii* Sweet)

南洋杉科南洋杉属植物。

形态特征

常绿乔木，在原产地高大，北方地区多室内盆栽。树皮灰褐色或暗灰色，横裂。大枝平展或斜伸，幼树冠尖塔形，老则呈平顶状，侧生小枝密生，下垂，近羽状排列。球果卵圆形或椭圆形，长6~10厘米，宽约4厘米，基部宽，上部渐窄或微圆，先端尖或钝，中脉明显或不明显，上面灰绿色，有白粉，有多数气孔线，下面绿色，仅中下部有不整齐的疏生气孔线。种子椭圆形，两侧具结合而生的膜质翅。

生长习性与管理要点

性喜温暖气候，要求空气清新湿润，光照柔和充足，且不耐寒，忌干旱。冬季需充足阳光，夏季避免强光暴晒，怕北方春季干燥的狂风和盛夏的烈日，在气温25~30℃、相对湿度70%以上的环境条件下生长最佳。盆栽要求疏松肥沃、腐殖质含量较高、排水透气性强的培养土。

繁殖方法

（1）播种繁殖　播种前最好先破伤种皮，以促进种子发芽，籽播幼苗直根长，须根少，幼苗移植时易造成死苗，抓好护根、细植、保温、遮阴等技术要点，则能提高幼苗成活率。对断根的幼苗可用清水洗后插于素沙中，适温下1~2周即可从断面重新发根。对断芽断茎带叶的幼苗，可照常定植，成活后经一定时间就会萌发新芽。

（2）扦插繁殖 扦插繁殖较为容易，被广泛采用。一般在春、夏季进行扦插，但须选择主枝作插穗，用侧枝作插穗长成的植株歪斜而不挺拔。插穗长10~15厘米，插后在18~25℃和较高的空气湿度条件下，约4个月可生根。如在扦插前将插穗的基部用200毫克/升吲哚丁酸浸泡5小时后再扦插，可促进其提前生根。

家庭的观赏

南洋杉树形为尖塔形，枝叶茂盛，叶片呈三角形或卵形，为世界著名的庭院树之一。幼苗盆栽适用于一般家庭的客厅、走廊、书房的点缀；也可用于布置各种形式的会场、展览厅；还可作为馈赠亲朋好友开业、乔迁之喜的礼物。

（十六）罗汉松(*Podocarpus macrophyllus*)

罗汉松科罗汉松属植物。

形态特征

常绿乔木。树冠广卵形。叶条状披针形，先端尖，基部楔形，两面中肋隆起，表面暗绿色，背面灰绿色，有时被白粉，排列紧密，螺旋状互生。雌雄异株或偶有同株。种子卵形，有黑色假种皮，着生于肉质而膨大的种托上，种托深红色，味甜可食。花期为5月，种熟期为10月。

生长习性与管理要点

原产我国。喜温暖、湿润和半阴环境，耐寒性稍差，怕水涝和强光直射，要求肥沃、排水良好的沙壤土。移植以3~4月最好，小苗需带土，大苗带土球，也可盆栽。栽后应浇透水。生长期保持土壤湿润。盛夏高温季节需放置半阴处养护。每2个月施肥1次。冬季盆栽注意防寒，盆钵可埋入土内，并减少浇水。半阳性树种，在半阴环境下生长良好。喜温暖湿润和肥沃沙质壤土，在沿海平原也能生长。不耐严寒，故在华北只能盆栽。寿命长。

繁殖方法

常用播种和扦插繁殖。播种，8月采种后即播，约10天后发芽。扦插，春、秋两季进行。春季选休眠枝，秋季选半木质化嫩枝，剪成12~15厘米，插入沙、土各半的苗床，50~60天生根。

家庭的观赏

由于罗汉松树形古雅，种子与种柄组合奇特，惹人喜爱，南方寺庙、庭院多有种植。可门前对植，中庭孤植，或于墙垣一角与假山、湖石相配。斑叶罗汉松可做花台栽植，亦可布置花坛或盆栽陈于室内欣赏。小叶罗汉松还可作为庭院绿篱栽植。

（十七）红枫(*Acer palmatum*)

别名紫红鸡爪槭，槭树科槭树属植物。

形态特征

高2~4米，枝条多细长光滑，偏紫红色。叶掌状，5~7深裂纹，直径为5~10厘米，裂片卵状披针形，先端尾状尖，缘有重锯齿。花顶生伞房花序，紫色。翅果，翅长2~3厘米，两翅间呈钝角。

生长习性与管理要点

红枫性喜光，忌烈日暴晒，喜温暖、湿润气候和深厚肥沃的土壤，不耐水涝，稍耐旱，较耐寒，在我国大部分地区都能露地越冬。

繁殖方法

红枫播种变异大，主要用嫁接和扦插繁殖。嫁接繁殖宜用二至四年生的鸡爪槭实生苗作砧木，切接宜在3~4月进行，秋季落叶后切离，这种方法仅用于少数珍贵的品种。芽接应用最为普遍，每年5月下旬至6月下旬、8月下旬至9月下旬是最佳时间。初夏是枝条生长旺期，利用红枫当年生向阳健壮短枝上的饱满芽，带1厘米长叶柄作接芽。

家庭的观赏

红枫是非常美丽的观叶树种，其叶形优美，红色鲜艳持久，枝序整齐，层次分明，错落有致，树姿美观，宜布置在草坪中央，高大建筑物前后、角隅等地，红叶绿树相映成趣。也可盆栽做成露根、倚石、悬崖、枯干等样式，风雅别致。室内摆放适宜于客厅、卧室、书房、案头等场所。

（十八）米兰(*Aglaia odorata*)

别名珠兰、米仔兰，楝科米仔兰属植物。

形态特征

原产我国福建、广东、广西、云南等省（区），东南亚也有分布，是一种常见的芬芳类观赏植物。常绿灌木。嫩枝上覆盖有星状锈色鳞片。叶为奇数羽状复叶，倒卵形或者长椭圆形，一般为3~5枚互生。花序为圆锥花序，腋生，开花黄色或金黄色，花冠很小，球形，形状外观像小米，气味淡雅芳香，夏、秋季为花季。自然生长的米兰可以达到5~7米。

生长习性与管理要点

喜光植物，也耐半阴。由于米兰原产地为广东、福建和广西，这些地区属于亚热带气候，气温高，降水充沛，因此米兰喜温暖、湿润气候，不耐寒，对生长环境要求气温不能太低，在气温低于5℃就可能难以存活。米兰喜疏松土壤或者沙土，盆栽应当保持盆土通透性良好。

繁殖方法

主要用扦插或高压繁殖，扦插一般在6~8月气温较高的时节进行，高压繁殖在5~8月进行。小苗不能在阳光下暴晒，需适当遮阴，减少水分过量流失，提高成活率。

家庭的观赏

室内摆放一些抗污染的花草，能起到净化空气的作用。如米兰就能净化空气，可摆放在书房、卧室、客厅等处。如果一间10平方米左右的居室中有一种抗污染的植物，就会大大有利于空气净化。

（十九）金橘(*Fortunella margarita*)

芸香科金橘属，著名观果植物。

形态特征

常绿灌木或小乔木。株高可达3米。叶长圆状披针形，长4~9厘米，尖端具不明显锯齿；叶柄具狭翅。花生叶腋内，白色，花瓣5枚。果实小，呈倒卵形，长约3厘米，熟时呈黄色，汁多味美可连皮食用。

生长习性与管理要点

喜阳光和温暖、湿润的环境，不耐寒，稍耐阴，耐旱，要求排水良好的肥沃、疏松微酸性沙质壤土。

繁殖方法

金橘播种实生苗后代多变异，品种容易退化，结果晚，一般不采用播种繁殖，常用嫁接繁殖。砧木用枸桔、酸橙，可提高耐寒能力，一般采用芽接或枝接。芽接6~9月进行，盆栽常用靠接，翌年萌芽前移植。

家庭的观赏

金橘喜温暖、湿润及阳光充足的环境，长期置于室内阳光不足处，植株长势弱，影响花芽分化和结果。金橘喜酸性土壤，北方盆栽可每周追施磷酸二氢钾，或每周结合施肥以200~250倍液食醋水浇灌，有利于叶色浓绿，生长茂盛，结果多。

（二十）杜鹃花(*Rhododendron simsii* Planch.)

杜鹃花科杜鹃花属。

形态特征

小灌木。高约2米。有常绿性的，也有落叶性的。枝条、苞片、花柄及花等均有棕褐色扁平的糙伏毛。叶纸质，卵状椭圆形，长2~6厘米，宽1~3厘米，顶端尖，基部楔形，两面均有糙伏毛，背面较密。花冠鲜红色或深红色，宽漏斗状，长4~5厘米，5裂，上方1~3裂片内面有深红色斑点；雄蕊7~10枚，花丝中部以下有微毛，花药紫色；子房及花柱近基部有糙伏毛，柱头头状。蒴果卵圆形。花期为4~5月，果熟期为10月。为酸性土指示植物。

生长习性与管理要点

喜酸性土壤，在钙质土中生长得不好，甚至不生长。因此土壤学家常常把杜鹃花作为酸性土壤的指示作物。杜鹃性喜凉爽、湿润、通风的半阴环境，既怕酷热又怕严寒，生长适温为12～25℃，夏季气温超过35℃，则新梢、新叶生长缓慢，处于半休眠状态。夏季要防晒遮阴，冬季应注意保暖防寒。观赏类的杜鹃中，西鹃耐寒力最弱，气温降至0℃以下容易发生冻害。

繁殖方法

（1）扦插繁殖 取当年生刚木质化的枝条，带踵掰下，剪去下部叶片，保留顶部3～5片叶，保湿待插。扦插基质可用兰花土、高山腐殖土、黄心土、蛭石等，扦插深度以穗长的1/3～1/2为宜，扦插完成后要喷透水，加盖薄膜保湿，给予适当遮阴。

（2）嫁接繁殖 5~6月，采用嫩梢劈接或腹接法，选用二年生的毛鹃，要求新梢与接穗粗细得当，插入接穗楔形端，皮层对齐，用塑料薄膜带绑扎接合部，套正塑料袋扎口保湿；置于荫棚下，忌阳光直射和暴晒。接后7天，只要袋内有细小水珠且接穗不萎蔫，即有可能成活；2个月后去袋，翌春再解去绑扎带。

家庭的观赏

杜鹃盛花时，簇聚如锦，绚丽多彩。春鹃、夏鹃、西鹃各品种花期不同，通常从4~7月便陆续开花，是众所公认的最佳观赏花木。如采取措施，控制适宜的温度、湿度和光照，保证肥料的供应，可使杜鹃提前到春节开花。室内摆放可以根据植株的大小在客厅、卧室、书房来确定。

（二十一）六月雪（*Serissa foetida*）

茜草科六月雪属植物。

形态特征

常绿或半常绿丛生小灌木。植株低矮，株高不足1米，分枝多而稠密，显得纷乱。叶对生或成簇生小枝上，长椭圆形或长椭圆披针状。花白色带红晕或淡粉紫色，单生或多朵簇生，花冠漏斗状，花形小，密生在小枝的顶端，花冠长约7毫米，漏斗状，有柔毛，白色略带红晕，花萼绿色，上有裂齿，质地坚硬。小核果近球形，花期为6~7月。常见栽培的有金边六月雪（叶缘金黄色）、斑叶六月雪和重瓣六月雪。

生长习性与管理要点

性喜阳光，也较耐阴，忌狂风烈日，高温酷暑时节宜遮阴。六月雪开细白花，树小而枝叶稀疏，大有逸致，可做盆栽。喜轻度遮阴，在深山叶木之下较多。春间分种，或梅雨时扦插。对温度要求不严，在华南为常绿，西南为半常绿。耐旱力强，对土壤要求不严。盆栽宜用含腐殖质、疏松肥沃、通透性强的微酸性、湿润培养土，生长良好。

繁殖方法

用扦插繁殖，休眠枝扦插于2~3月进行，半成熟枝扦插在6~7月进行，一般是初春季节用硬枝，但在梅雨季节用硬枝、老枝均可，均需搭棚遮阴。插后注意浇水，保持苗床湿润，极易成活。在制作小型或微型盆景时，为促使其尽快成型，常在6~7月梅雨季节，取姿态优美、有大树型的多年生枝，将下切口剪成马蹄形，插入沙中，罩膜保温，注意喷水，约40天可生根，此时加以移植，稍加绑扎修剪即可成型。

家庭的观赏

因其具有叶细、枝密、干粗、根露等优点，现在多栽培于庭院间供观赏。很多人用来做树桩盆景，经人工整形后树干扭曲，盘根错节，老气横秋，多摆放于博古架、案头上进行观赏。植株虽矮，却酷似千年古树。成都的六月雪成型盆景，畅销国内外。

（二十二）一品红(*Euphorbia pulcherrima* Willd)

又名圣诞花，是著名的圣诞节期间摆设的红色花卉，大戟科大戟属植物。

形态特征

落叶灌木，高50~300厘米。茎叶含白色乳汁。茎光滑，嫩枝绿色，老枝深褐色。单叶互生，卵状椭圆形，全缘或波状浅裂，顶部叶片较窄，披针形；叶被有毛，叶质较薄，脉纹明显；顶端靠近花序的叶片呈苞片状，为主要观赏部位。

生长习性与管理要点

喜温暖、湿润及充足的光照。不耐低温，为典型的短日照植物。强光直射及光照不足均不利其生长。忌积水，保持盆土湿润即可。短日照处理可提前开花。一品红向光性强，对土壤要求不严，但以微酸性的肥沃、湿润、排水良好的沙壤土最好。耐寒性较弱，华东、华北地区温室栽培，必须在霜冻之前移入温室，否则低温导致黄叶、落叶等。

繁殖方法

以扦插为主。用老枝、嫩枝均可扦插，但枝条过嫩则难以成活。一般多在2~3月选择健壮的一年生枝条，剪去长8~10厘米作插穗。为了避免乳汁流出，剪后立即浸入水中或蘸草木灰，待插穗稍晾干后即可插入排水良好的土壤中或粗沙中，土面留2~3个芽，保持湿润并稍遮阴。在18~25℃温度下2~3周可生根，再经约2周可上盆种植或移植。小苗上盆后要给予充足的水分，置于半阴处1周左右，然后移到早晚能见到阳光的地方锻炼约半个月，再放到阳光充足处养护。

家庭的观赏

开花期适逢圣诞节，故又称“圣诞红”。尤其是叶子红而大，一副喜气洋洋的模样，好像正握着双手向人道贺似的，它是代表圣诞节的最佳花朵。居家摆放于客厅、阳台、卧室和书房等处。

（二十三）常春藤(*Hedera nepalensis*)

五加科常春藤属植物。

形态特征

常绿攀缘藤本。茎枝有气生根，幼枝被鳞片状柔毛。叶互生，2裂，长10厘米，宽3~8厘米，先端渐尖，基部楔形，全缘或3浅裂；花枝上的叶椭圆状卵形或椭圆状披针形，长5~12厘米，宽1~8厘米，先端长尖，基部楔形，全缘。伞形花序单生或2~7个顶生；花小，黄白色或绿白色，花5基数；子房下位，花柱合生成柱状。果圆球形，浆果状，黄色或红色。花期为5~8月，果期为9~11月。产于陕西、甘肃及黄河流域以南至华南和西南。

生长习性与管理要点

性喜温暖、荫蔽的环境，忌阳光直射，但喜光线充足，较耐寒，抗性强，对土壤和水分的要求不严，以中性和微酸性为最好。

繁殖方法

常春藤可采用扦插法、分株法和压条法进行繁殖。扦插法：适宜时期是4~5月和9~10月，切下具有气生根的半成熟枝条作插穗，其上要有一至数个节，插后要遮阴、保湿、增加空气湿度，3~4周即可生根。匍匐于地的枝条可在节处生根并扎入土壤，因此，用分株法和压条法都可以繁殖常春藤。

家庭的观赏

可以净化室内空气，吸收由家具及装修散发出的苯、甲醛等有害气体，为人体健康带来极大的好处。常春藤是一种颇为流行的室内大型盆栽花木，尤其在较宽敞的客厅、书房、起居室内摆放，格调高雅、质朴，并带有南国情调。

四 室内观叶植物

（一）棕竹(*Rhapis humilis*)

别名观音竹、筋头竹，棕榈科棕竹属植物。

形态特征

从生常绿灌木。株高1~3米，直立，不分枝，有叶节，常有宿存网状粗纤维质的叶鞘。叶集中生于茎顶，掌状，深裂几乎到基部，有裂片3~12枚；裂片线状披针形，先端有不规则齿缺，边缘和脉上有褐色小锐齿，横脉多而明显，叶柄长8~20厘米。肉穗花序腋生，花小，淡黄色，极多，雌雄异株。花期为4~5月。浆果球形，种子球形。园艺栽培的有大叶棕竹、中叶棕竹和细叶棕竹之分，另外还有花叶棕竹。

生长习性与管理要点

喜温暖、湿润及通风良好的环境，耐阴，不耐寒，忌积水。生长适宜温度为10~30℃，温度高于34℃时，叶片常会焦边，生长停滞，越冬温度不低于5℃。要求疏松肥沃、排水良好、富含腐殖质的酸性土壤。

繁殖方法

（1）分株繁殖 一般常在春季结合换盆进行，将原来萌蘖多的植株分成数丛，分时尽量少伤根，不伤芽，使每株丛含8~10株，否则生长缓慢，观赏效果差。上盆后置于半阴处，保持湿润，并经常向叶面喷水，以免叶片枯黄。待萌发新枝后再移至向阳处养护，然后进行正常管理。

（2）播种繁殖 播种前需先将种子用35℃温水浸泡一昼夜，播后30~60天发芽，6个月后才能分栽。也可在秋季种子成熟后随采随播于盆中，冬季移入室内，翌年春天出苗。播种苗生长慢，因此很少用这种方法繁殖。

家庭的观赏

棕竹株丛繁茂，叶形清秀，挺拔潇洒，幼苗盆栽后可点缀室内客厅，富有热带韵味。

（二）散尾葵(*Chrysalidocarpus lutescens*)

别名黄椰子，棕榈科散尾葵属植物。

形态特征

从生常绿灌木或小乔木。茎基部膨大，茎干上有明显叶痕，呈环纹状。羽状复叶，全裂，裂片40~60对，2列排列，披针形，长30~60厘米。叶柄及叶轴光滑，黄绿色，上面有沟槽，背面凸圆；叶鞘长而略膨大，开始时覆盖蜡质白粉。肉穗花序生于叶鞘束下，多分枝；花小，金黄色，螺旋状着生。果稍呈陀螺形或倒卵形，鲜时土黄色，干时紫黑色。

生长习性与管理要点

喜温暖湿润、半阴环境，忌强光暴晒。生长适宜温度为20~25℃，不耐寒，越冬最低温度需在10℃以上，长时间低于5℃，必然受冻害，甚至死亡。在生长季节，需经常保持盆土湿润和植株周围较高的空气湿度。要求疏松肥沃、富含腐殖质和排水良好的土壤。

繁殖方法

常用分株繁殖，春季结合换盆进行。选分蘖多的植株从基部分成数丛，每丛2~3株，分别直接盆栽养护。也可播种繁殖。种子成熟后立即进行盆播，覆土厚度为种子直径的1倍，待幼苗长到8~10厘米高时，即可分栽。

家庭的观赏

散尾葵株形秀美，是布置家庭居室、书房或阳台的高档盆栽观叶植物。在明亮的室内可以较长时间摆放观赏，在较阴暗的房间也可连续观赏4~6周，观赏价值较高。

（三）袖珍椰子(*Chamaedorea elegans*)

别名矮生椰子、袖珍棕、矮棕，棕榈科袖珍椰子属植物。

形态特征

常绿小灌木。茎干细长直立，不分枝，盆栽时株高不超过1米。叶片由茎顶部生出，羽状复叶，全裂，裂片宽披针形，羽状小叶20~40枚，深绿色，有光泽。肉穗状花序腋生，花淡黄色，雌雄异株，雄花稍直立，雌花序营养条件好时稍下垂。花期为3~5月，结小浆果，多为橙红色或黄色。

生长习性与管理要点

袖珍椰子喜温暖、湿润、半阴及通风环境。忌阳光直射，否则叶片变枯黄。生长适宜温度为24~32℃，越冬温度为10℃。要求疏松肥沃、富含腐殖质和排水良好的土壤。

繁殖方法

用播种繁殖。袖珍椰子不耐脱水贮藏，需随采随播。将新鲜种子播在细沙中，覆土2~3厘米，种子发芽温度要求15℃以上，播种后需3~6个月才能出苗，翌年春天可分苗上盆。

家庭的观赏

袖珍椰子株形酷似热带椰子树，形态小巧玲珑，美观别致，由此得名袖珍椰子。加上它性耐阴，故十分适宜作室内中小型盆栽，装饰客厅、书房或置于茶几上，可使室内增添热带风光气氛和韵味。

另外，袖珍椰子能同时净化空气中的苯、三氯乙烯和甲醛，是植物中的“高效空气净化器”，非常适合摆放在新装修好的居室中。

（四）蒲葵(*Livistona chinensis*)

别名葵树、扇叶葵，棕榈科蒲葵属植物。

形态特征

常绿乔木，在原产地株高可达20米。单干直立生长，茎干表面由少量棕皮和叶鞘包被。叶扇形，簇生于茎顶，下垂；掌状浅裂至全叶的1/4~2/3，裂片条状披针形，顶端长渐尖，再深裂为2裂；叶柄两侧边缘具明显倒刺。肉穗花序腋生，多分枝而疏散，长约1米，雌雄异株，小花通常4朵聚生，黄色，花冠3裂。核果椭圆形，黑褐色。

生长习性与管理要点

喜高温、多湿环境条件。生长适宜温度为25~35℃，能耐短时间0℃低温。喜好阳光，亦能耐阴。要求湿润、肥沃、有机质丰富黏重土壤。

繁殖方法

用播种繁殖。种子成熟后立刻播种，经堆沤洗净的种子，先沙藏层积催芽，挑出幼芽刚打破种皮的种子点播于苗床，播后快的20~25天发芽出土，但全部发芽出土需50~60天。苗期注意防止日光直射。待苗长出5~7片叶时就可出圃定植，也可盆栽养护。

家庭的观赏

蒲葵四季常青，树冠如伞，为热带地域绿化的主要树种。也可盆栽欣赏，用于布置客厅、阳台。

（五）苏铁(*Cycas revoluta*)

别名铁树，苏铁科苏铁属植物。

形态特征

常绿乔木。主干直立，极少有分枝。叶簇生于茎顶，羽状全裂，厚革质而坚硬，先端锐尖。花顶生，雌雄异株，雄球花圆柱状，雄蕊螺旋着生；雌球花扁平，如羽状裂，下方两侧着生有2~4个裸露的胚球。花期为6~8月。种子卵形而稍扁。

生长习性与管理要点

喜温暖和阳光充足、通风良好的环境。生长适宜温度为20~30℃，越冬温度不低于5℃。喜肥沃和微酸性的土壤。苏铁生长缓慢，故有“千年铁树才开花”之说。其实，在华南地区，只要养护得当，10年以上的植株便可开花，但在北方因积温不足和光照时间长而难以开花。

繁殖方法

常用分蘖繁殖。从春到秋均可进行，以春季效果为最好。当老株茎部长出蘖芽有鸡蛋大时，在3~4月用利刀切离母株，切割时尽量少伤茎皮；置阴凉处，待伤口流液稍干后，根系较多的直接上盆；若无根或根少的，可浅埋于湿润的素沙土中，放在疏阴下养护。也可播种繁殖，在5~6月进行，因种子粒大而皮厚，宜在室内盆播，覆土深度2~3厘米，在30~33℃高温下2周可发芽。

家庭的观赏

苏铁树形古雅，羽叶洁滑光亮，四季常青，盆栽用于布置庭院或厅室，极为美观。

（六）吊兰(*Chlorophytum comosum*)

别名垂盆草、钩兰、折鹤兰等，百合科吊兰属植物。

形态特征

常绿宿根草本。具簇生的圆柱形肥大须根和根状茎。叶基生，条形至条状披针形，狭长，顶端渐尖；基部抱茎，着生于短茎上。花小，白色，具芳香，常2~4朵簇生，排成疏散的总状花序或圆锥花序。吊兰的最大特点在于成熟的植株会不时长出走茎，走茎长30~60厘米，先端均会长出小植株。蒴果三圆棱状扁球形。花期为4~6月，但在室内冬季也可开花。目前吊兰的园艺品种除了纯绿叶之外，还有金边吊兰，叶边色金黄；金心吊兰，叶中心呈黄色纵向条纹；银边吊兰，叶边缘为白色；银心吊兰，叶片的主脉周围呈白色纵向条纹；宽叶吊兰，叶片宽线形全缘或微具有波皱。

生长习性与管理要点

喜温暖、湿润环境。生长适宜温度为15~25℃，越冬温度为5℃。对光线要求不严，一般适宜在中等光线条件下生长，亦耐弱光。在排水良好、疏松肥沃的沙质土壤中生长较佳。

繁殖方法

常用分株、扦插等方法繁殖。除冬季气温过低不适于分株和扦插外，其他季节均可进行。盆栽2~3年的植株，在春季换盆时将密集的盆苗，除去陈土和朽根，将老根切开，使分割开的植株上均留3个茎，分别盆栽成为新株。吊兰也可利用走茎上的小植株扦插繁殖，在生长季节，剪取走茎上的小植株，插入培养土中或水中，待小植株长根后移植至盆中。

家庭的观赏

吊兰叶片细长柔软，从叶腋中抽生的匍匐茎长有小植株，由盆沿向下垂，舒展散垂，形似展翅跳跃的仙鹤，故有“折鹤兰”之称，是最为传统的居室垂挂植物之一。吊兰盆栽可悬吊或摆放装饰走廊、檐、窗、架或阳台、门厅等高处，使匍匐茎下垂，凭空飘挂，犹如清流飞瀑，溢出几多春色，风趣盎然。此外，吊兰具有极强的吸收有毒气体的功能，有“绿色净化器”之美称，为新装居室美化上选。

（七）文竹(*Asparagus plumosus*)

别名云片松、云竹，百合科天门冬属植物。

形态特征

多年生草本。根半肉质，茎柔软丛生，直立或伸长呈攀缘状。叶退化成抱茎的鳞片状，先端刺状。叶状枝水平展开，每片有10~13枚小枝。花小，白色。浆果球形，紫黑色，有种子1~3粒。主要栽培变种有矮文竹，茎丛生，矮小直立，蔓性弱或不伸蔓，叶状枝密而较短；细叶文竹，比矮文竹叶状枝稍长，排列成不规则的羽状，被有蓝粉；大文竹，生长健壮，叶状枝较原种短，但整片叶状枝较长而不规则。

生长习性与管理要点

喜温暖湿润、半阴环境。生长适宜温度为15~25℃，越冬温度为5℃。既不耐干旱，又忌水涝。忌阳光直射。适宜生长于排水良好、富含腐殖质的沙质壤土。

繁殖方法

（1）播种繁殖 文竹种子寿命短，采种后应及时播种或沙藏。播种时去掉种皮，播于浅盆中，加盖薄膜或玻璃，并保持土壤湿润，在20℃左右下约30天可发芽。待幼苗长到3~4厘米高时，便可分苗移栽。

（2）分株繁殖 在春季换盆时进行，将根扒开，不要伤根太多，根据植株大小，选盆栽植。分栽后浇透水，置半阴处养护。

家庭的观赏

文竹叶形秀丽，雅丽脱俗，常做盆栽置于书架、案头、茶几上，美化居室。

（八）天门冬（*Asparagus cochinchinensis*）

别名天冬草，百合科天门冬属植物。

形态特征

多年生攀缘草本。块根肉质，茎丛生而下垂，多分枝。叶状枝，线形，扁平。叶退化为鳞片，主茎上的鳞状叶常变为下弯的短刺。花1~3朵簇生、下垂，有香气，黄白色或白色。浆果球状，幼时绿色，熟时红色。花期为6~7月。

生长习性与管理要点

喜温暖、湿润环境。耐干旱和瘠薄，不耐寒，忌强光直射。对土壤要求不严，但以疏松肥沃、排水良好、腐殖质丰富的沙质壤土为好。

繁殖方法

（1）播种繁殖　于早春或初夏进行盆播，覆土0.5厘米，播后浸透水。在15℃条件下，30天左右出苗，待苗高3~5厘米时，3~5株一丛栽入小花盆中。上盆时盆土宜浅，因根系长势强壮，需在花盆沿口留出空间，以免在生长后期旺盛的根系将盆土顶至盆面上，而没有浇水和施肥的余地。

（2）分株繁殖　四季均可进行，但在早春天门冬未发芽前，结合翻盆换土进行最适宜。分株时将老株从原盆内磕出，剪去部分多余老根，去除部分旧泥，按照植株大小，用利刀分割成3~5丛，切口要小，并抹上草木灰或石灰以防感染，另植于盆内。

家庭的观赏

天门冬茎叶蔓生悬垂，秀逸潇洒，十分秀雅，具有独特的观赏价值，盆栽可用于点缀窗台、书桌、几架。

（九）蓬莱松(*Asparagus myrioeladus*)

别名绣球松、水松、松叶文竹等，百合科天门冬属植物。

形态特征

多年生常绿灌木。株高0.5~1.5米，具白色肥大肉质根。茎丛生，直立，多分枝，灰白色，基部木质化。叶针形，团状簇生，集中上部小枝，初展的叶色淡绿，1个月左右变为墨绿色。花淡红色至白色，有香气。花期为7~8月。

生长习性与管理要点

蓬莱松喜温暖、湿润和半阴环境，较耐旱。生长适宜温度为20~30℃，越冬温度为5℃。夏季温度超过35℃时生长停止，叶丛发黄，要适当遮阴，防止阳光暴晒。对土壤要求不严，喜通气、排水良好、富含腐殖质的沙质壤土。

繁殖方法

（1）分株繁殖 本法多用。可于春夏季结合换盆时进行，将生长茂密老株从盆中磕出，将地下块根分切数丛，使每丛含3~5枝，并注意尽量少伤根，将每一丛重新用新培养土上盆种植，浇透水，置于半阴处恢复生长。

（2）播种繁殖 播种一般在室内盆播，3~4月种子成熟后，随采随播，点播于浅盆中，覆以薄土，浸水后盖上玻璃，一般20天左右发芽，待苗高5~8厘米时，即可分栽上盆养护。

家庭的观赏

蓬莱松株形美观，叶苍翠欲滴，深受人们喜爱。盆栽陈列在茶几、书桌上，为居室增添几分儒雅之气。

（十）橡皮树(*Ficus elastica*)

别名印度橡皮树、印度榕等，桑科榕属植物。

形态特征

常绿大乔木。枝干易生气根。叶互生，椭圆形或长卵形，先端突尖，厚革质，有光泽，全缘。托叶红褐色，初期包于顶芽外，新叶伸展后托叶脱落，并在枝条上留有托叶痕。橡皮树常见的栽培变种和品种有：金边橡皮树，叶缘为金黄色；花叶橡皮树，叶片稍圆，叶缘及叶片上有许多不规则的黄白色斑块，生长势较弱；白斑橡皮树，叶片较窄并有许多白色斑块；金星宽叶橡皮树，叶片较一般橡皮树大而圆，幼嫩时为褐红绿色叶片，长成后红褐色稍淡，靠近边缘散生稀疏针头大小的斑点。

生长习性与管理要点

橡皮树喜温暖、湿润环境。生长适宜温度为20~25℃，越冬温度为10℃。喜明亮的光照，忌阳光直射。忌黏性土，不耐瘠薄和干旱，喜疏松、肥沃和排水良好土壤。

繁殖方法

（1）扦插繁殖　季节不限，温度在15℃以上就可进行，以5~9月最为宜。剪取一至二年生枝条，每3节为一插穗，剪去下部的叶片，剪口蘸草木灰，放阴凉处晾干扦插。保持23~25℃且高湿条件下3~6周即可生根。

（2）压条繁殖　可在夏季选择生长充实、隔年生的粗壮枝条，环剥0.5~1厘米，然后用湿土或苔藓混合物或吸足水分的蛭石，将环割部位包起来，外面用塑料薄膜包扎，下端扎紧，上端留孔，以利于通气和灌水。注意养护，6月压条，7~8月生根，生根后即可剪下盆栽。

家庭的观赏

橡皮树叶片宽大而有光泽，树形丰茂而端庄，是著名的盆栽观叶植物。其中型植株常用来美化客厅、书房，其小型植株可布置于窗台或几桌。

（十一）铁线蕨(*Adiantum capillus-veneris*)

别名铁线草、少女的发丝、水猪毛等，铁线蕨科铁线蕨属植物。

形态特征

多年生常绿草本。株高20~50厘米，根状茎横走。叶自地下根茎抽出，叶柄细长，有光泽，黑色；叶为卵状三角形，薄革质；2~4回羽状复叶，小羽片互生，形态大小不一，多为倒卵形、斜方形或扇形；叶脉自基部向边缘放射，细而叉形分枝。孢子囊群生于变形裂片顶端反折的肾形至短圆形的孢子囊群盖上。

生长习性与管理要点

喜温暖、湿润和半阴环境。生长适宜温度为17~26℃，越冬温度为5℃。在疏松透水、肥沃的石灰质沙壤土生长较好，是钙质土指示植物。栽培时要求空气湿度高，土壤湿润，忌阳光直射。

繁殖方法

（1）分株繁殖　在室内四季均可进行，但一般在早春结合换盆进行。分株繁殖时，将母株从盆中托出，去除老化根茎，剪除枯枝和断枝，切断其根状茎，使每块均带部分根茎和叶片，直接盆栽，灌水后置于阴湿环境中养护。

（2）孢子繁殖　将培养土消毒后装入浅盆，然后剪取有成熟孢子的叶片，集中孢子并均匀地撒播盆中，不需覆土，上面盖以玻璃片，从盆底浸水，保持盆土湿润，并置于20~25℃的半阴环境下，约1个月孢子可萌发为原叶体，待长满盆后便可分植。

家庭的观赏

铁线蕨茎叶秀丽多姿，形态优美，株形小巧，极适合小盆栽培和点缀山石盆景，也可做切花用。铁线蕨喜阴，适应性强，栽培容易，适合室内常年盆栽观赏。小盆栽可置于案头、茶几上；较大盆栽可用以布置背阴房间的窗台、过道或客厅，能够较长期供人欣赏。

（十二）鸟巢蕨(*Neottopteris nidus*)

别名巢蕨、山苏花、王冠蕨等，铁角蕨科巢蕨属植物。

形态特征

多年生附生草本。株高60~120厘米，成丛附生于雨林中的树干或岩石上。根状茎短而直立。叶簇生，辐射状丛生于根状茎顶部，中空如鸟巢。叶片带状披针形，革质，顶端渐尖，全缘。孢子囊群长条形，生于叶背侧脉上侧，向上达叶片的1/2。常见栽培变种有宽叶鸟巢蕨，叶宽短，亮绿或灰绿色；皱叶鸟巢蕨，叶片呈波状皱褶。

生长习性与管理要点

喜温暖多湿的荫蔽环境。忌强光直射。不耐寒，生长适宜温度为20~22℃，冬季温度不低于5℃。生长季节需充分浇水，并常向叶面喷水，以保持空气湿度。喜疏松、肥沃的微酸性土壤。

繁殖方法

（1）分株繁殖 在大植株出现小型分枝时，在春末夏初新芽生出前，用利刀慢慢把这些小型分枝从基部切离，分别栽植即可。但鸟巢蕨分枝较少，通常是将生长健壮的植株在春末连叶带根分割成5~7片叶一丛，分别植入盆中。栽后注意栽培基质不可太湿，以防根茎发生腐烂。

（2）孢子繁殖 将生于叶脉上侧的孢子囊群取下，均匀地播于腐叶土表面，撒上薄薄的一层细沙，常喷雾保持土壤表面湿润，50~60天即可长出新的孢子体。

家庭的观赏

鸟巢蕨株形丰满、叶色葱绿光亮，用来装饰室内，别具热带风光情调，更可增添几分生动的自然野趣。

（十三）肾蕨（*Nephrolepis auriculata*）

别名蜈蚣草、圆羊齿、篦子草、石黄皮，肾蕨科肾蕨属植物。

形态特征

多年生草本，为中型地生或附生蕨。株高30~80厘米。根状茎有直立的主轴，主轴上长出匍匐茎，匍匐茎的短枝上生小块茎。叶簇生，一回羽状复叶，叶片披针形，边缘有浅锯齿。孢子囊群背生上侧小脉顶端，孢子囊群盖肾形。本属常见栽培种及品种有高大肾蕨、尖叶肾蕨和长叶肾蕨。

生长习性与管理要点

喜温暖、湿润的环境。生长适宜温度为20~22℃。喜明亮散射光，也能耐较暗的光照。生长季节需充分浇水，保持盆土不干，尤其是夏季需常向叶面喷水，以保持空气湿度。喜疏松透气的中性或微酸性土壤。

繁殖方法

（1）分株繁殖 在室内四季均可进行，但一般在早春结合换盆进行。将母株从盆中托出，轻轻剥开，分开匍匐枝，并对其叶片进行适当修剪后盆栽，浇水后置于阴湿环境中养护。

（2）孢子繁殖 培养土消毒后装入浅盆，将收集的肾蕨成熟孢子，均匀撒入播种盆内，喷雾保持土面湿润，播后50~60天可长出孢子体。

家庭的观赏

肾蕨叶色青翠，四季常青，是良好的室内观叶植物，可盆栽摆设，点缀书桌、茶几或背阴房间的窗台。另外，其叶片也是插花的理想材料之一。

（十四）发财树(*Pachira aquatica*)

学名马拉巴栗，别名瓜栗等，木棉科瓜栗属植物。

形态特征

常绿乔木，主干直立，高可达15米。茎基部常膨大，枝条多轮生。掌状复叶，互生，小叶5~7枚，长椭圆形，全缘，叶前端尖。花大，两性，单生于叶腋，粉红色。

生长习性与管理要点

喜温暖、湿润的环境。对光照要求不严，喜光但也有一定的耐阴性，室内散射光即可生长良好，夏季应避免阳光直射。生长适宜温度为20~30℃。忌积水，较耐旱。要求中度肥沃、排水良好的微酸性沙质壤土。

繁殖方法

通常用播种繁殖。播种宜用新鲜种子，秋天成熟后采摘，将种壳去除后随即播种。播种后覆盖细土约2厘米厚，然后放置半阴处，保持湿润，播后约 7 天可发芽。发芽温度为22~26℃。苗长至25厘米左右时可间密留疏，增施磷、钾肥，促使茎干基部膨大。

也可用扦插繁殖。春季利用植株截顶时剪下的枝条，扦插在粗沙中，保持一定湿度，约30天可生根，但扦插基部难以形成膨大根茎，观赏价值不如播种苗高。

家庭的观赏

发财树姿态优美，叶冠雄伟，叶色翠绿，摆放于家庭客厅，既典雅大方，又寓以吉祥如意之意。

（十五）变叶木（*Codiaeum variegatum* var. *pictum*）

别名洒金榕，大戟科变叶木属植物。

形态特征

常绿灌木或小乔木，高0.5~2米。单叶互生，有柄，革质。叶片的大小、形状和颜色变化较大，形状有线形、披针形至椭圆形，边缘全缘或者分裂，波浪状或螺旋状扭曲；叶色有黄、红、粉、绿、橙、紫红和褐等，常有斑块或斑点。花单性，不明显，总状花序腋生，雄花白色，雌花绿色。常见的栽培变种有：长叶变叶木，叶片长披针形；复叶变叶木，叶片细长，前端有1条主脉，主脉先端有匙状小叶；角叶变叶木，叶片细长，有规则的旋卷，先端有一翘起的小角；螺旋叶变叶木，叶片波浪起伏，呈不规则的扭曲与旋卷，叶先端无角状物；戟叶变叶木，叶宽大，3裂，似戟形；阔叶变叶木，叶卵形；细叶变叶木，叶呈带状。

生长习性与管理要点

喜高温、湿润的环境，不耐寒。生长适宜温度为20~30℃，冬季温度不低于15℃。短期在10℃，叶色不鲜艳，出现暗淡，缺乏光泽。变叶木属喜光性植物，整个生长期均需充足阳光，若光照充足，则茎叶生长繁茂，叶色鲜丽，特别是红色斑纹，更加艳红。喜肥沃、保水性强的黏质壤土。

繁殖方法

（1）扦插繁殖 变叶木多用本法。4~5月选生长粗壮的顶端嫩枝，剪成长8~10厘米的插穗，洗去切口白色乳液，涂以草木灰，稍晾干后再插入粗沙中，在24℃左右温度下3周后可生根。但老枝扦插不易生根。

（2）压条繁殖 以7月高温季节为好。根据母株树形选择顶端枝条，长15~25厘米，用刀将茎环状剥皮，宽1厘米，再用水苔或泥炭包上，并以薄膜包扎固定，约30天开始愈合生根，60~70天后从母株上剪下栽盆。

家庭的观赏

变叶木叶形、叶色俱佳，常用于居室绿化。由于变叶木喜强光，因此在室内摆放在较强光线处，而且连续摆放时间不能超过3周。注意：变叶木乳汁有毒，误食叶或其液汁，有腹痛、腹泻等中毒症状。

（十六）鹅掌柴(*Schefflera heptaphylla*)

别名鸭脚木、手树、小叶伞树等，五加科鹅掌柴属植物。

形态特征

常绿小乔木或灌木。叶互生，革质富光泽，掌状复叶，小叶5~9枚。花小，圆锥花序，棒状，有香味。浆果球形。花期冬、春季。

生长习性与管理要点

鹅掌柴喜温暖和半阴环境。生长适宜温度为16~27℃，冬季温度不低于5℃。土壤以肥沃、疏松和排水良好的沙质壤土为宜。在空气湿度高、土壤水分充足的环境下生长良好，但对北方干燥气候有很强的适应力。

繁殖方法

常用扦插繁殖。在4~9月进行，剪取一年生顶端枝条，长8~10厘米，去掉下部叶片，插于沙床，保持湿润，室温在25℃左右，插后30~40天可生根。

也可用播种繁殖。4~5月采用室内盆播，发芽适温为20~25℃，保持盆土湿润，播后15~20天发芽，苗高5~8厘米时分栽。

家庭的观赏

鹅掌柴株形优美，适应能力强，是优良的盆栽植物。适宜布置客厅、书房及卧室。春、夏、秋三季也可放在庭院荫蔽处和阳台上观赏。

（十七）澳洲鸭脚木(*Schefflera actinophylla*)

别名大叶伞、昆士兰伞树等，五加科澳洲鸭脚木属植物。

形态特征

常绿乔木，高可达30米，盆栽1~2米。掌状复叶，具长柄，革质，小叶数随成长而变化很大，幼年时4~5片，长大时5~7片，至乔木状时可多至16片。小叶长椭圆形，叶缘波状，叶端突尖，无毛。花为圆锥状花序，花小，淡黄色。果实球形而生纵沟。

生长习性与管理要点

喜温暖、湿润及通风良好的环境，喜阳也耐阴，在疏松肥沃、排水良好的土壤中生长良好。

繁殖方法

用播种或扦插繁殖。播种应随采随播，种子发芽适温为20~25℃。扦插在初夏结合修剪进行，将一二年生枝条剪为10厘米左右、带2~3节的茎段的插穗，扦插后1个月左右可生根。

家庭的观赏

澳洲鸭脚木叶片宽大，形似伞状，株形优雅，姿态轻盈又不单薄，极富层次感，适合放置于客厅的墙隅与沙发旁边。

（十八）八角金盘(*Fatsia japonica*)

别名八金盘、手树等，五加科八角金盘属植物。

形态特征

常绿灌木或小乔木。叶大有光泽，掌状，5~9深裂，边缘有锯齿或呈波状。因其叶多为8裂，且有时边缘呈金黄色而得名。花白色，集生成圆锥状聚伞花序。浆果球形，紫黑色。花期为10~11月。八角金盘主要栽培品种有：白斑八角金盘，叶面有白色斑点；黄斑八角金盘，叶面有黄色斑点；黄纹八角金盘，叶上有黄色细纹；裂叶八角金盘，叶掌状深裂，各裂片再分裂；白边八角金盘，叶缘白色；波缘八角金盘，叶缘波状，皱缩；矮八角金盘，株矮，枝叶稠密，生长势旺盛。

生长习性与管理要点

喜温暖、湿润、通风良好的环境。耐阴性强，也较耐寒。以排水良好而肥沃的微酸性土壤为宜，中性土壤亦能适应。萌蘖力较强。

繁殖方法

（1）扦插繁殖 常用本法。春、夏、秋三季皆可扦插，最宜3~4月结合换盆进行，选取带顶芽的二至三年生粗壮侧枝，从上部截取长15厘米左右的插条，带2~3片叶插入沙床中，注意遮阴和保持土壤湿润。在20~25℃条件下，一般 1 个月即可生根， 2 个月可上盆。

（2）分株繁殖 结合春季换盆进行，把长满盆的植株从盆内倒出，修剪生长不良的根系，然后把原植株丛切分成数丛或数株，栽植到大小合适的盆中，放置于通风阴凉处养护。

（3）播种繁殖 5月果熟后，随采随播。注意遮阴，保持盆土湿润，播后 1 个月即可发芽出土。

家庭的观赏

八角金盘株形优美，叶片大而浓绿，充满生机。作为耐阴观叶植物，适于室内光线较弱的环境生长，盆栽可布置客厅、书房、卧室等处。

（十九）绿萝(*Scindapsus aureun*)

别名黄金葛、魔鬼藤、黄金藤等，天南星科藤芋属植物。

形态特征

多年生常绿藤本。茎蔓粗壮，可长达数米，茎节处有气生根，能吸附攀缘。单叶互生，幼叶卵心形，全缘，成熟的叶片则为长卵形，叶片绿色而富有光泽，叶面上有黄白色不规则的斑点或条斑。常见的栽培品种主要有：银葛，叶上具乳白色斑纹，较原变种粗壮；金葛，叶上具不规则黄色条斑；三色葛，叶面具绿色、黄乳白色斑纹。

生长习性与管理要点

喜温暖、湿润和半阴环境。对光照反应敏感，怕强光直射，喜散射光，较耐阴，阳光过强会灼伤叶片，过阴会使叶片变小、节间变长。生长最适宜温度为20~30℃，冬季室温需保持在10℃以上，最低不得低于8℃，若低于此温度，易造成黄叶、落叶。生长季节，盆土要保持湿润，经常向叶面喷水，提高空气湿度，以利于气生根的生长。要求疏松、肥沃、富含腐殖质且排水良好的土壤。

繁殖方法

主要用扦插繁殖。春末夏初，取茎顶端或基部的萌条，剪成15~30厘米枝段，插于插床或用培养土直接盆栽，每盆3~5根，浇透水，置于阴凉通风处，保持盆土湿润，1月左右即可生根发芽。也可用较老的枝条扦插，把带有芽眼的枝，剪成4~5节一段，按上述方法扦插，也可长成新植株。也可采用压条繁殖，在生长期内均可进行。

家庭的观赏

绿萝气生根发达，既可让其攀附在用棕扎成的圆柱上，摆于客厅一隅，也可培养成悬垂状置于书房、窗台，给居室平添融融情趣。

（二十）龟背竹(*Epipremnum pinnatum*)

别名蓬莱蕉、电线草等，天南星科龟背竹属植物。

形态特征

常绿木质藤本，长可达7~10米。茎干上多具褐色且肥厚的气生根，形如电线，故名“电线草”。幼叶心形无孔，长大后呈卵圆形，在羽状叶脉间散布许多长圆形的孔洞和深裂，形状似龟甲图案，茎有节似竹干，故名“龟背竹”。常见栽培变种有：迷你龟背竹，叶片长不超过8厘米；石纹龟背竹，叶片淡绿色，叶面具黄绿色斑纹；白斑龟背竹，叶片深绿色，叶面具乳白色斑纹；蔓状龟背竹，茎叶的蔓生性特别强。

生长习性与管理要点

喜温暖、湿润的环境，耐阴，忌强光暴晒。生长适宜温度为20~25℃，冬季温度不低于5℃。当温度升到32℃以上时，生长停止。怕干燥，夏季需经常喷水，保持较高的空气湿度。生长期，植株生长迅速，栽培空间要宽敞，否则会影响茎叶的伸展。对土壤要求不甚严格，在疏松肥沃、富含腐殖质的沙质壤土中生长良好。

繁殖方法

常用扦插繁殖，春、秋两季都能采用茎节扦插，以4~5月和9~10月扦插效果最好。插条选取茎组织充实、生长健壮的当年生侧枝，插条长20~25厘米，剪去基部的叶片，保留上端的小叶，剪除长的气生根，保留短的气生根。插后保持25~27℃和较高的空气湿度，插后1个月左右开始生根。

也用播种繁殖，播后室温保持20~25℃，箱口盖上塑料薄膜，保持80%以上相对湿度，播后一般20~25天发芽。由于实生苗生长速度极慢，需5~6年才能达到观赏效果，因此很少用这种方法繁殖。

家庭的观赏

龟背竹株形优美，叶片形状奇特，叶色浓绿，富有光泽，整株观赏效果较好。家庭常用中小盆栽植，置于室内客厅和书房。

（二十一）滴水观音(*Alocasia macrorrhiza*)

学名海芋，天南星科海芋属植物。

形态特征

常绿多年生草本，高可达3米。茎粗壮，茶褐色，茎中多黏液，叶聚生茎顶。叶片肥大，盾形，长30~90厘米，叶柄可长达1米，基部抱茎生长。佛焰苞淡绿色至乳白色，下部绿色，长10~20厘米。

生长习性与管理要点

喜温暖、湿润和半阴环境，忌阳光直射。生长适宜温度为20~30℃，越冬温度不低于10℃。对土壤要求不严，但在疏松肥沃、富含腐殖质、排水良好的沙壤土中生长良好。

繁殖方法

（1）分株繁殖 生长季节在基部常常分生出许多幼苗，可结合换盆进行分株。分株时要注意，尽量不要伤到小苗的根系。

（2）扦插繁殖 对于多年生的老株，可结合植株的更新，自植株基部离土面约5厘米处截干，进行茎干扦插繁殖。将茎干切成长度约15厘米的插穗，放在阴处晾晒半天后，插入沙壤土中培养。

（3）播种繁殖 种子成熟时，随采随播，或晾干贮藏，在翌年春天播种。播种后注意保持土壤湿润，当小苗长出3~4片真叶时分栽。

家庭的观赏

滴水观音叶片肥大翠绿，株态优美，富有热带情调，可盆栽摆放于居室宽敞之处。要注意的是：滴水观音茎内的白色汁液有毒，皮肤接触它的汁液就会发生瘙痒或强烈刺激；误吃茎叶会有恶心、疼痛的症状，严重的还会窒息，故应尽量减少接触滴水观音，有小孩的家庭最好不要种植。

（二十二）白鹤芋(*Spathiphyllum floribundum*)

别名苞叶芋、白掌、一帆风顺等，天南星科苞叶芋属植物。

形态特征

多年生常绿草本植物。株高25~35厘米，叶基生，叶片长椭圆形或披针形，深绿色，有光泽，叶脉明显，叶柄长，基部呈鞘状。花葶直立，高出叶丛，佛焰苞直立向上，稍卷，白色，肉穗花序圆柱状，白色。白鹤芋因叶片与竹芋相似，花酷似翘首的白鹤，故得名白鹤芋。目前常见栽培的有：绿巨人白掌，又称绿巨人，植株较白鹤芋高，可达1.2米以上，叶片比白鹤芋大，平行分布的羽状侧脉更为明显；香水白掌，植株中等大小，其花具有淡淡的香味；神灯白掌，花大，花枝挺直，但叶片较淡黄，不如绿巨人叶片宽厚墨绿；皇后白掌，植株中等大小，较茂盛。

生长习性与管理要点

喜温暖、湿润和半阴的环境，忌烈日直晒。生长适宜温度为22~28℃，越冬温度为10℃。白鹤芋叶片较大，对湿度比较敏感，在夏季高温和秋季干燥时，要多喷水，保证空气相对湿度50%以上，有利于叶片生长。要求疏松肥沃、排水和通气良好和含腐殖质丰富壤土。

繁殖方法

（1）分株繁殖 一般在春季结合换盆进行。早春在新芽生出之前对植株脱盆，去掉根际老培养土，在株丛基部用利刀将根茎切开，分开的小株丛应带有3个以上的芽，分栽后放半阴处养护。

（2）播种繁殖 开花后经人工授粉，可以得到种子。采种后需立即播种，发芽温度25℃左右，播后10~15天发芽。如发芽时遇温度过低，种子易腐烂。

家庭的观赏

白鹤芋亭亭玉立，洁白无瑕，给人以“纯洁平静、祥和安泰”之美感，因其有吉祥的寓意，故深受人们的青睐。盆栽点缀客厅、书房，十分别致。

（二十三）红掌(*Anthurium andraeanum*)

别名花烛、安祖花等，天南星科花烛属植物。

形态特征

多年生常绿草本。茎短缩，直立，株高一般为50~80厘米。叶聚生茎顶，革质，卵圆形或长圆披针形。佛焰花序单生叶腋，花梗圆柱形，直立，佛焰苞心状卵形，肥厚，鲜红色或橙红色；肉穗花序，圆柱状，直立。适合条件下可全年开花。

生长习性与管理要点

喜温暖、湿润和半阴的环境，但不耐阴，喜阳光而忌阳光直射。生长适宜温度为18~30℃，越冬温度不低于15℃，夏季不宜高于35℃，否则不开花，生长不良。喜较高的空气湿度，以70%~80%为佳。要求疏松肥沃、富含腐殖质、排水良好的土壤，忌盐碱。

繁殖方法

常用分株和扦插繁殖，也可用播种繁殖。分株繁殖在春季进行，选3片叶以上的子株，从母株上连茎带根切下来，用水苔包扎移植于盆内，经3~4周发根成活后重新栽植。

扦插繁殖是将老枝条剪下，去叶片，每1~2节为一插条，插于水苔中，待生根后定植于盆内。红掌在进行人工授粉后才能结种子，可以随采随播，保持25~30℃的发芽适温，15~25天发芽。

家庭的观赏

红掌花朵独特、色彩丰富，盆栽花期一般长达2~3个月，深受人们喜爱。盆栽可置于室内的茶几、案头欣赏。也可做切花用。

（二十四）花叶万年青(*Dieffenbachia picta*)

别名黛粉叶，为天南星科花叶万年青属植物。

形态特征

常绿亚灌木草本。茎干粗壮多肉质，株高可达1.5米。叶片大而光亮，着生于茎干上部，椭圆状卵圆形或宽披针形，先端渐尖，全缘；叶片两面绿色，其上镶嵌密集、不规则的白、乳白、淡黄等色斑点、斑纹、斑块。花梗由叶梢中抽出，短于叶柄，花单性，佛焰花序，佛焰苞呈椭圆形，下部呈筒状。常见的栽培变种或品种有：大王黛粉叶，叶面沿侧脉有乳白色斑条及斑块；暑白黛粉叶，绿色叶面中心乳黄绿色，叶缘及主脉深绿色，沿侧脉有乳白色斑条及斑块；白玉黛粉叶，叶片中心部分全部乳白色，只有叶缘叶脉呈不规则的银色。

生长习性与管理要点

喜高温多湿、明亮散射光环境，忌阳光直射。生长适宜温度为20~28℃，冬季温度10℃以上，如低于10℃则叶片发黄脱落。要求疏松肥沃、排水良好的沙质壤土。

繁殖方法

（1）分株繁殖 可利用基部的萌蘖进行分株繁殖，一般在春季结合换盆进行。将植株从盆内托出，将茎基部的根茎切断，涂以草木灰以防腐烂，或稍放半天，待切口晾干后再盆栽，浇透水，栽后浇水不宜过多。10天左右能恢复生长。

（2）扦插繁殖 以7~8月高温期扦插最好，剪取茎的顶端7~10厘米，去除下部叶片，切口涂草木灰或硫黄粉，插于沙床或用水苔包扎切口，保持较高的空气湿度，置半阴处，在室温24~30℃下，插后15~25天生根，待茎段上萌发新芽后移栽上盆。也可将老基段截成具有3节的茎段，直插土中1/3或横埋土中诱导生根长芽。

家庭的观赏

花叶万年青叶片青翠，优雅美丽，是高雅的室内观叶植物，用其点缀客厅、书房、卧室，给人以恬淡、安逸之感。

（二十五）广东万年青(*Aglaonema modestum*)

别名粗肋草、亮丝草、粤万年青，为天南星科广东万年青属植物。

形态特征

多年生常绿草本。植株高50~80厘米，茎直立，节明显。叶互生，叶椭圆状卵形，先端渐尖至尾状渐尖，边缘波状，暗绿色，光亮。总花梗长7~10厘米，青绿色，佛焰苞长6~7厘米，肉穗花序，花小，白绿色。浆果鲜红色。同属常见栽培的还有：波叶亮丝草，叶革质，长卵形，叶表具灰白色的斑纹；爪哇万年青，叶厚，暗绿色，有光泽，叶面具白色星状斑点，中脉粗，呈白色；斑叶万年青，茎矮，多分枝，叶色暗绿，有光泽，具灰绿色的大型花斑。

生长习性与管理要点

喜温暖、湿润的环境，耐阴，怕直射光。生长适宜温度为20~27℃，冬季需在4℃以上才能安全越冬。喜欢疏松肥沃、排水良好的土壤。

繁殖方法

（1）扦插繁殖　扦插在春、夏两季进行为好，一般取长度为15~25厘米粗壮的嫩枝。把基部削平、晾干，插入盛沙的花盆中，保持较高的空气湿度，在25℃温度下20天左右即可生根。

（2）分株繁殖　分株宜在春季换盆时进行。从茎的基部切开，切口处最好涂上草木灰，晾干后栽于盆土，浇透水即可。

家庭的观赏

广东万年青株形丰满，叶片素雅，又极耐阴，可盆栽、水养，历来为文人雅士所喜爱之室内装饰植物。

（二十六）合果芋（*Syngonium podophyllum*）

别名长柄合果芋、紫梗芋、剪叶芋等，为天南星科合果芋属植物。

形态特征

多年生蔓性常绿草本。茎节具气生根。叶片呈两型性，幼叶为单叶，箭形或戟形；老叶成5~9裂的掌状叶，叶上有各种白色斑块。常见品种有：白蝶合果芋，叶丛生，盾形，呈蝶翅状，叶面多为黄白色，边缘具绿色斑块及条纹；白纹合果芋，幼叶狭长箭形，淡绿色，向内趋于淡白色，叶缘宽绿色；翠玉合果芋，叶箭形，绿色，具不规则白色斑块。常见的同属观赏种有长耳合果芋、铜叶合果芋、大叶合果芋、绿金合果芋、绒叶合果芋等。

生长习性与管理要点

喜高温、多湿和半阴环境。在明亮的散射光处生长良好，忌阳光直射。生长适宜温度为22~30℃，10℃以下则茎叶停止生长，冬季温度在5℃以下叶片出现冻害。土壤以肥沃、疏松、排水良好的微酸性土为佳。

繁殖方法

常用扦插繁殖，4~9月气温在15℃以上均可扦插。插穗以剪取茎先端部2~3节或茎中段2~3节，直接插在花盆或插床上，10~15天生根。有时，合果芋在空气湿度较大的情况下，茎节上往往已长出气生根，可剪下直接盆栽，放半阴处养护。也可用分株繁殖，于春季结合换盆将植株从盆中托出，掰分成几株，重新上盆。

家庭的观赏

合果芋株态优美，叶形多变，色彩清雅，耐阴性强，大盆支柱式栽培可摆放于客厅，小盆或水培置于案头、窗台等处。

（二十七）朱蕉（*Cordyline fruticosa*）

别名铁树、红铁树等，龙舌兰科朱蕉属植物。

形态特征

常绿灌木。茎干粗壮，直立，很少分枝，但常从根际萌发新枝而呈丛状生长，干皮灰褐色至褐色，上面密布环状叶痕。叶聚生茎顶，长披针形、宽披针形、长椭圆形或椭圆形等，先端有的渐尖，有的突尖，全缘，具平行脉，表面有光泽，叶色有绿、紫红。圆锥花序生于叶腋，多分枝。果为小浆果。常见栽培的变种有：三色朱蕉，新叶淡绿色，有乳黄色和红色的不规则斑点；细叶朱蕉，叶小，紫色，有红边；库氏朱蕉，叶暗葡萄红色，背曲；巴氏朱蕉，叶宽，反曲，深绿色，有淡红色和黄色条纹，叶柄有黄斑；锦朱蕉，叶宽，幼时深绿色，后出现白色及黄色的条纹和斑纹；圆叶朱蕉，叶宽阔卵圆形，老叶深绿色，新叶淡红色、乳黄绿色；云氏朱蕉，叶宽，开展，幼时鲜绿色，有暗红色和粉红色斑纹，后变为青铜色；小叶朱蕉，比细叶朱蕉的叶细，叶密生。

生长习性与管理要点

喜高温、湿润环境。生长适宜温度为20~35℃，冬季温度10℃以上。喜明亮光线处，在全光照或半阴条件下均能正常生长，高温时节忌烈日暴晒，低温时节需光照充足。不耐盐碱，不耐旱。要求疏松肥沃、富含腐殖质、排水透气性好的微酸性土壤。

繁殖方法

（1）扦插繁殖 常用本法。朱蕉分枝力差，一般多专门培养高大健壮植株作采条母株。也可结合修剪，从植株上剪取顶部成熟的枝条，截成10~15厘米的插穗，剪掉枝条上的叶片或保留1/2叶片，插于沙床或盆土中，入土深度6厘米左右，扦插后30~40天即可生根发芽。

（2）高空压条 一般在5~6月进行。选生长健壮植株的主茎，在离顶端20~25厘米处，环状剥皮，剥皮宽度为1~1.5厘米，用湿泥炭土或苔藓或蛭石，缠绕包成泥球，外面用塑料薄膜包上，30天左右生根，60天后便可剪离母体，另行栽植上盆。

（3）播种繁殖 夏末秋初果实成熟采收后，从浆果中取出种子，淘洗干净后晾干，点播于沙床或盆内。播种后，室温保持24℃以上，经20天左右种子便可萌芽出土。

家庭的观赏

朱蕉株形美观，色彩华丽高雅，盆栽装饰客厅、书房或窗台，优雅别致。

（二十八）富贵竹(*Dracaena sanderiana*)

别名仙达龙血树，百合科龙血树属植物。

形态特征

常绿小乔木。茎细长直立，无分枝。叶长披针形，互生，长10~20厘米，宽4~5厘米，叶柄鞘状。叶面的斑纹色彩因不同品种而异。常见的栽培品种有：金边富贵竹，叶边缘金黄色，中央绿色；银边富贵竹，叶边缘银白色，中央银色；青叶富贵竹，又称绿叶仙达龙血树、万年竹，叶片浓绿色，是前两者的芽变品种。

生长习性与管理要点

喜高温、高湿环境。生长适宜温度为20~30℃，越冬温度为10℃。对光照要求不严，适宜在明亮散射光下生长，光照过强、暴晒会引起叶片变黄、褪绿、生长慢等现象。喜疏松肥沃、排水良好的沙质壤土。

繁殖方法

常用扦插繁殖，扦插大多是结合整形修剪进行。一般剪取不带叶的茎段作插穗，长 5 ~10厘米，最好有 3 个节，将其扦插于蛭石或河沙中，一般2~3周即可生根。

目前流行富贵竹的塔式栽培，称为“富贵塔”，即取富贵竹的中段部位，去掉叶片，洗净后消毒，按需要剪成切口平整的一定长度并涂抹愈合剂后，放入盛有水的盘子里进行养护，养好的切段就可以用来绑塔。

家庭的观赏

国人有“花开富贵，竹报平安”的祝词，而富贵竹茎叶纤秀，柔美优雅，姿态潇洒，富有竹韵，因此观赏价值很高。它适于作小型盆栽种植，用于布置书房、客厅、卧室等处，可置于案头、茶几和台面上，显得富贵典雅，玲珑别致，颇耐欣赏。

（二十九）花叶竹芋 (*Maranta bicolor*)

别名双色竹芋，竹芋科竹芋属植物。

形态特征

多年生草本。地下有块茎。植株矮小，株高25~35厘米。叶长椭圆形、椭圆形至卵形，先端圆形有突尖，边缘波状，粉绿色，中脉两侧有暗褐色块斑，叶背淡紫色，叶柄鞘状。顶生总状花序，花小，白色，有紫斑点和条纹。

生长习性与管理要点

喜温暖、湿润的半阴环境，喜散射光，耐阴性强。生长适宜温度为18~25℃，超过32℃或低于7℃则生长不良，越冬温度在5℃以上。要求疏松、肥沃、排水良好的微酸性沙质壤土。

繁殖方法

常用分株繁殖。于4~5月结合换盆进行，每子株应带芽2~3个，分别栽植，即成为新的植株。生长健壮的花叶竹芋每年从基部生出许多新枝，待新枝生长成熟后可以截取其上部枝条作插穗，扦插在温度为25~30℃的苗床上，保持较高的空气湿度，3~4周可以生根成活，另移栽其他盆中成新的植株。

家庭的观赏

花叶竹芋植株低矮，叶片花纹美丽，是良好的观叶植物。常用于装饰厅堂、卧室、书房等处，显得清丽、高雅。

（二十）孔雀竹芋(*Calathea makoyana*)

别名蓝花蕉，竹芋科肖竹芋属植物。

形态特征

多年生常绿草本。株高30~60厘米，叶卵状椭圆形，叶柄紫红色。绿色叶面上隐约呈现金属光泽，且明亮艳丽，沿中脉两侧分布着羽状暗绿色、长椭圆形的绒状斑块，左右交互排列，似孔雀开屏，叶背紫红色。同属常见栽培的种有：肖竹芋，别名大叶蓝花蕉，叶面黄绿色，有银白色或红色的斑纹，叶背暗红色；斑纹竹芋，别名绒叶肖竹芋，叶片较大，长圆形，具天鹅绒光泽，其上有浅绿和深绿交织的阔羽状条纹，叶背灰绿色，随后变为红色；紫背肖竹芋，别名红背肖竹芋，叶面淡黄绿色，有深绿色羽状斑，叶背深紫红色；华彩肖竹芋，别名彩绘肖竹芋，叶暗绿色，有绿白色羽状斑纹，叶背紫红色。

生长习性与管理要点

喜高温、湿润环境，耐阴性强，在室内散射光下生长良好，不耐直射阳光。生长适宜温度为20~30℃，越冬温度在10℃以上。喜疏松、肥沃、排水良好、富含腐殖质的微酸性壤土。

繁殖方法

多采用分株繁殖，在4~5月结合换盆进行。分株时将母株从盆内扣出，除去老土，用利刀将其切成3~4个芽为1株，切口处涂上草木灰防腐，立即上盆，充分浇水，置半阴处缓苗，5~7天后可转入正常管理。分株时以3~5株栽一盆为好。如每盆只栽一株需保留5枚以上叶片和带上较多的根，否则影响成活和成活后的生长发育。也可用根茎扦插，但少用。

家庭的观赏

孔雀竹芋株形规整，叶面色彩清新、华丽、柔和，更加之其耐阴性强，因此它越来越受到人们的青睐。常以中小盆种植，装饰布置于家庭的书房、卧室、客厅等。

（三十一）西瓜皮椒草(*Peperomia sandersii*)

别名西瓜皮豆瓣绿、银白斑椒草等，胡椒科豆瓣绿属植物。

形态特征

多年生常绿草本。植株无茎或有短茎。叶卵圆形，尾端尖，叶柄红褐色，叶脉由中央向四周辐射，主脉浓绿色，脉间为银灰色，如同西瓜皮状。穗状花序，花小，白色。同属常见栽培的种或品种有：皱叶椒草，叶面浓绿有光泽，叶背灰绿，主脉及第一侧脉向下凹陷，使叶面折皱不平；圆叶椒草，叶椭圆形或倒卵形，叶面光滑有光泽，质厚而硬挺，茎及叶柄均肉质粗圆，节间较短；花叶椒草，叶宽卵形，绿色，带黄色的花斑。

生长习性与管理要点

喜温暖、湿润及半阴环境。生长适宜温度为20~28℃，超过30℃和低于15℃则生长缓慢，冬季要求室内最低温度不得低于10℃，否则易受冻害。喜腐殖质丰富、疏松肥沃、排水良好的沙质土壤。

繁殖方法

（1）扦插繁殖　有枝插和叶插之分。枝插可在春、夏季进行，选取健壮的枝条，剪取5~8厘米的接穗，去除下部叶片，晾干剪口，然后插入湿润沙床中，在半阴下，保持18~25℃的温度，即可生根。叶插多在5~10月进行，叶插时选择健壮充实的叶片，将带有叶柄的充实叶片全部摘下，带2~3厘米的叶柄，晾2~3小时待伤口稍干后，斜插于沙床或盆中，保持湿润，置于半阴20~25℃下，4~5周即可生出不定根和不定芽，2个月左右即可长成小苗。

（2）分株繁殖 可于春、秋两季进行，挑选母株根基处发有新芽的植株，结合换盆取出植株，抖去附着的土，用利刀根据新芽的位置，切取新芽盆栽。分株时，注意保护好母株和新芽的根系。也可在植株长满盆时，将植株倒出分成数盆栽植。

家庭的观赏

西瓜皮椒草株形玲珑，秀叶丛生，形态圆润，雅洁娇莹，用于室内装饰植物独具风韵，可做小型盆栽置于茶几、案头，细细观赏，别有风趣。

（三十二）蜘蛛兰(*Hymenocallis americana*)

石蒜科螯蟹花属植物。

形态特征

为多年生草本，地下具有球形的茎，其直径为7~11厘米。叶丛出，具短柄，叶片长剑形，柔软，肉质性，深绿色而有光泽。株高1~2米，基生叶，倒披针形，伞形花序顶生，花绿白色，直径可达20厘米。花期为夏、秋季。

生长习性与管理要点

喜温暖、湿润气候，适应性强，不择土壤。春季分株繁殖。栽培管理简便，北方多盆栽，生长季节除浇水外，每15天追肥1次。夏天炎热季节应放于荫棚下，越冬温度不低于15℃。南方温暖地区可地栽，但要适当荫蔽。冬天放温室阳光充足处栽培，适当控制浇水；夏天置荫棚下栽培，进入花期，供水应充分。如若露地栽培，于4月将鳞茎放于温室光照充足的温暖处，促使根部活动。栽植场所应选光照充足、富含腐殖质的沙质或黏质壤土处。于前一年秋天深耕，施入基肥；翌春天再翻耕一次，再施入基肥，整地做畦。5月下旬栽植，覆土深度3~5厘米，鳞茎间距15~20厘米。秋末着霜，叶片变黄，要及时采收鳞茎，晾干后放8℃左右处贮藏。以备翌年栽植。

繁殖方法

分球繁殖于春季结合换盆进行。

家庭的观赏

可置于卧室、书房、案头、客厅、博古架上，欣赏其花色、花香、花姿。

五 仙人掌及多浆花卉

（一）仙人掌(*Opuntia stricta*)

仙人掌科仙人掌属植物。

形态特征

肉质多年生植物。仙人掌茎的内部构造与其他双子叶植物一致，在内方的木质部与外方的韧皮部之间有形成层。但茎的大部分由薄壁的贮藏细胞组成，细胞内含黏液性物质，可保护植株，避免水分的流失。仙人掌的茎主要是制造养分和贮藏养分。

生长习性与管理要点

盆栽用土要求排水透气良好、含石灰质的沙土或沙壤土。新栽植的仙人掌先不要浇水，每天喷雾几次即可，半个月后才可少量浇水，1个月后新根长出才能正常浇水。冬季气温低，植株进入休眠状态时，要节制浇水。开春后随着气温的升高，植株休眠逐渐解除，浇水可逐步增加。每10～15天施1次腐熟的稀薄液肥，冬季不要施肥。

繁殖方法

扦插后不需特殊管理，只要光照条件好，生长季节保持土壤湿润，冬季休眠土壤略为干润就可以了。总的来说，方法简便，管理粗放，不需要其他特殊条件，1～2年后，就可以长成母树。

家庭的观赏

室内盆栽仙人掌，以选择小型、花多的球形种类为宜，栽培中不能认为这类植物耐旱，而忽略对它的正常浇水与施肥。室内栽培，可在窗台上用铅丝与塑料薄膜营造一个高温、高湿的封闭式空间，大多数仙人掌在这样的条件下不仅生长快而且色泽晶莹。在一般的住宅条件下，充分利用空间，培养几十盆各种各样的仙人掌，布置一个小小的“仙人掌花园”并不困难。当春夏之交，窗台上形形色色的仙人掌开放出琳琅满目的花朵，人们工作之余，在这样的条件下休息，不仅可以消除疲劳，而且可以说是一种对自然美的享受。

（二）仙人球(*Echinopsis tubiflora*)

仙人掌科仙人球属植物。

形态特征

多年生肉质多浆植物。茎呈球形或椭圆形，高可达25厘米，绿色，球体有纵棱若干条，棱上密生针刺，辐射状。花着生于纵棱刺丛中，银白色或粉红色，长喇叭形，长可达20厘米，喇叭外鳞片。仙人球开花一般在清晨或傍晚，持续几小时到一天。球体常侧生出许多小球，形态优美、雅致。

生长习性与管理要点

仙人球故乡在南美洲，原产在高热、干燥、少雨的沙漠地带，形成了喜干、耐旱的特性。水浇多了会死。仙人球怕冷，喜欢生于排水良好的沙质土壤。夏季是仙人球的生长期，也是花期。

繁殖方法

（1）扦插繁殖 用营养土或河沙、泥炭土等材料做扦插基质。在早春或晚秋（中午气温最高不超过28℃、夜晚最低不低于15℃）生长旺季，剪下叶片或茎秆（要带3~4个叶节），待伤口晾干后插入基质中，把插穗和基质略加喷湿，只要基质不过分干燥或水渍，就可很快长出根系和新芽。在晚春至早秋气温较高时，插穗极易腐烂，最好不要进行扦插。

（2）嫁接繁殖 最好的方法是插接，插接后不易干枯脱落。插接法即“上”字形接法。选生长良好的仙人掌植株，先剪去尖端，再剥去外表皮，剥皮长度为球苗高度的1/3。削去球苗底部，露出球心。将心处钻孔（孔径与枝条粗细相配合），深度为球高的1/3。

家庭的观赏

因为它能很好地吸收辐射线，可以摆放在书桌，尤其是电脑桌旁边。不适宜摆放在孩子容易接触到的地方。

（三）金琥(*Echinocactus grusonii*)

仙人掌科金琥属植物。

形态特征

茎圆球形，单生或成丛，高1.3米，直径80厘米或更大。球顶密被金黄色绵毛。有棱21~37个。刺座很大，密生硬刺，刺金黄色，后变褐，有辐射刺8~10厘米长，中刺3~5厘米，较粗，稍弯曲。6~10月开花，花生于球顶部绵毛丛中，钟形，长4~6厘米，黄色，花筒被尖鳞片。

生长习性与管理要点

喜石灰质土壤，喜干燥，喜暖，喜阳，要求阳光充足，畏寒、忌湿。喜光照充足，每天至少需要有6小时的太阳直射光照。夏季应适当遮阴，但不能遮阴过度，否则球体变长，会影响观赏价值。生长适宜温度为白天25℃，夜晚10~13℃，适宜的昼夜温差可使金琥生长加快。冬季应放入温室，或室内向阳处，温度保持8~10℃。若冬季温度过低，球体上会出现比较难看的黄斑。

繁殖方法

仔球嫁接是将培育3个月以上的实生苗嫁接上柔嫩的量天尺上。待接穗长到一定大小或砧木支撑不了时，可切下，晾干伤口后进行扦插盆栽。在土壤肥沃、空气流通的良好环境下，不经嫁接的实生苗生长也较快。上盆后的实生苗或嫁接仔球，应放置在半阴处，忌阳光直射，7~10天后球体不萎缩，即成活。

家庭的观赏

金琥寿命很长，栽培容易，成年大金琥花繁球壮，金碧辉煌，观赏价值很高。而且体积小，占据空间少，是城市家庭绿化十分理想的一种观赏植物。摆放在书桌，尤其是电脑桌旁边能很好地吸收辐射线。

（四）令箭荷花(*Nopalxochia ackermannii*)

仙人掌科令箭荷花属植物。

形态特征

茎直立，多分枝，群生灌木状，高50~100厘米。植株基部主干细圆，分枝扁平呈令箭状，绿色。茎的边缘呈钝齿形。齿凹入部分有刺座，具0.3~0.5厘米长的细刺。扁平茎中脉明显突出。花从茎节两侧的刺座中开出，花筒细长，喇叭状的大花，白天开花，1朵花仅开1~2天，花色有紫红、大红、粉红、洋红、黄、白、蓝紫等。花期为5~7月。果实为椭圆形红色浆果，种子黑色。

生长习性与管理要点

令箭荷花喜温暖、湿润的环境，忌阳光直射，耐干旱，耐半阴，怕雨淋，要求肥沃、疏松、排水良好的中性或微酸性的沙质壤土。生长期最适温度为20~25℃，花芽分化的最适温度为10~15℃，冬季温度不能低于5℃。

繁殖方法

（1）扦插繁殖 在每年3~4月进行为好。首先剪取10厘米长的健康扁平茎作插穗，剪下后要晾2~3天后插入湿润沙土或蛭石内，深度以插穗的1/3为度，温度保持在10~15℃，经常向其喷水，一般1个月即可生根并进行盆栽。

（2）嫁接繁殖 适宜在25℃时进行。砧木可选仙人掌，在砧木上用刀切开个楔形口，再取6~8厘米长的健康令箭荷花茎片作接穗，在接穗两面各削一刀，露出茎髓，使之呈楔形，随即插入砧木裂口内，用麻皮绑扎好，放置于阴凉处养护。10天左右嫁接部分即可愈合，除去麻皮，进行正常养护。

家庭的观赏

令箭荷花花色品种繁多，以其娇丽轻盈的姿态、艳丽的色彩和幽郁的香气，深受人们喜爱。以盆栽观赏为主，在温室中多采用品种搭配，可提高观赏效果。可用来点缀客厅、书房的窗前、阳台、门廊，为色彩、姿态、香气俱佳的室内优良盆花。

（五）昙花(*Epiphyllum oxypetalum*)

仙人掌科昙花属植物。

形态特征

灌木状肉质植物，高1~2米。主枝直立，圆柱形，茎不规则分枝，茎节叶状扁平，长15~60厘米，宽约6厘米，绿色，边缘波状或缺凹，无刺，中肋较粗厚，无叶片。花自茎片边缘的小窠发出，大型，两侧对称，长25~30厘米，宽约10厘米，白色，干时黄色。浆果长圆形，红色。

生长习性与管理要点

盆栽常用排水良好、肥沃的腐叶土，盆土不宜太湿，夏季保持较高的空气湿度。避免阵雨冲淋，以免浸泡烂根。生长期每半个月施肥1次，初夏现蕾开花期，增施磷肥1次。肥水施用合理，能延长花期，肥水过多，过度荫蔽易造成茎节徒长，相反影响开花。盆栽昙花由于叶状茎柔弱，应设立支柱。

繁殖方法

扦插变态茎繁殖。

家庭的观赏

夏、秋季晚间开大型白色花，花漏斗状，有芳香，可以摆放在客厅、居室、书房等地方。

（六）蟹爪兰(*Zygocactus truncatus*)

又名圣诞仙人掌、蟹爪莲和仙指花，仙人掌科蟹爪兰属植物。

形态特征

附生性小灌木。叶状茎扁平且多节，肥厚，卵圆形，鲜绿色，先端截形，边缘具粗锯齿。花着生于茎的顶端，花被开张反卷，花色有淡紫、黄、红、纯白、粉红、橙和双色等。

生长习性与管理要点

栽培环境条件要求半阴、湿润。夏季避免烈日暴晒和雨淋，冬季要求温暖和光照充足。土壤需肥沃的腐叶土、泥炭、粗沙的混合土壤，酸碱度为pH值5.5~6.5。蟹爪兰的生长期适温为18~23℃，开花温度以10~15℃为宜，不超过25℃，以维持15℃最好，冬季温度不低于10℃。蟹爪兰属短日照植物，在短日照条件下才能孕蕾开花。蟹爪兰在原产地由鸟类授粉，室内栽培时需人工授粉才能正常结实。

繁殖方法

在早春或晚秋（中午气温最高不超过28℃、夜晚最低不低于15℃）生长旺季，剪下叶片或茎秆（要带3~4个叶节），待伤口晾干后再插入基质中，把插穗和基质稍加喷湿，只要基质不过分干燥或水渍，就可很快长出根系和新芽。在晚春至早秋气温较高时，插穗极易腐烂，最好不进行扦插。

家庭的观赏

除了有观赏价值外，还有吸收电磁的作用，在家庭或办公室中的电器旁摆放这种植物，可有效减少各种电器电子产品产生的电磁辐射污染，使室内空气中的负离子浓度增加，所以摆放在书房电脑旁较好。

（七）仙人指(*Schumbergera bridgesii*)

仙人掌科仙人指属植物。

形态特征

在原产地附生于树干上，多分枝，枝丛下垂。枝扁平，肉质，多节枝，每节长圆形，叶状，每侧有1~2个钝齿，顶部平截。花单生枝顶，花冠整齐，有多种颜色，包括紫色、红色、白色等。

生长习性与管理要点

喜温暖、湿润气候。生长季节应保持土壤湿润。每2周施薄肥1次。最适生长温度为19~32℃，冬季最适7~13℃。性略耐阴，宜处于半阴环境，夏季防强日直射，在夏季高温时常表现休眠，这时要少浇水。为短日照植物，冬季开花。

繁殖方法

以4~5月最宜，取茎节1~4节或具分枝的大枝扦插均可。扦插时伤口不蘸水，在日光不直射处晾2~3天后，使伤口愈合，不易腐烂。插后生根前置阴凉处，少浇水，约20天即生根。仙人指生根虽容易，但根细弱，不耐水湿，生长较差，故常嫁接在其他根系强壮的仙人掌类植物上，可加快生长。

常用砧木有仙人掌、仙人球、量天尺等。扦插或嫁接苗一般2年即可开花。在短日照（每天光照8~12小时）条件下，2~3个月就能开花。在7月初进行遮光处理，9月底就能开花。仙人指生长期每2~3周施用1次稀薄有机液肥，也可少量施用复合化肥。花蕾形成后，盆土不能过干、过湿，以免花蕾脱落。

家庭的观赏

仙人指的气孔在夜间打开，在吸收二氧化碳的同时能大量地放出氧气。在家庭或办公室中的电器旁摆放这种植物，可有效减少各种电器电子产品产生的电磁辐射污染，使室内空气中的负离子浓度增加，所以，在家庭或办公室中的电器旁摆放这种植物，能尽量减少电器所释放的辐射对人体的危害。它株形丰满，花繁而色艳，又在春节前后开放，是不可多得的室内欣赏花卉。仙人指株形优美，花朵艳丽，能在阳光不足的室内栽培，可用于装点书房、客厅等场所。

（八）山影拳(*Cereus sp. f. monst*)

又名仙人山，仙人掌科仙人柱属植物。

形态特征

多浆多肉植物。山影拳原产于墨西哥，是一种郁郁葱葱、起伏层叠、终年翠绿的多肉植物，外形峥嵘突兀，形似山峦。刺座上无长毛，颜色多变化。多分枝。茎暗绿色，具褐色刺。夏、秋季开花，花大型喇叭状或漏斗形，白或粉红色，夜开昼闭。20年以上的山影拳植株才开花。果大，红色或黄色，可食。种子黑色。

生长习性与管理要点

性喜阳光，耐旱，耐贫瘠，也耐阴。盆栽宜选用通气、排水良好、富含石灰质的沙质土壤。不适宜过分潮湿的土壤和光线太弱的环境；浇水宜少不宜多，可每隔3~5天浇1次水，保持土壤稍干燥一些，这样可使植株生长慢、粗壮，株形优美。一般不需要施肥，每年在换盆时，在盆底放少量碎骨粉作基肥即可；要减少水、肥的使用，不然容易引起烂根，或使其徒长变形，出现“返祖”现象，长成柱状，失去观赏价值。

繁殖方法

采用扦插繁殖，可全年进行，以4~5月为好。具体方法为：选取山影拳的小变态茎，割下后晾1~2天，待切口收干后扦插土中，暂不浇水，压实盖土，可喷一些水保持湿润。一般在温度适宜（14~23℃）条件下，大约20天即可生根移植。梅雨季节和炎夏暑天扦插，成活率要低一些。

家庭的观赏

山影拳是植物而又像山石，郁郁葱葱，起伏层叠。宜盆栽，可布置厅堂、书室或窗台、茶几等场所。山影拳亦可制作盆景。

（九）芦荟（*Aloe chinensis*）

百合科芦荟属植物。

形态特征

常绿多肉质草本植物。叶簇生，呈座状或生于茎顶，叶披针形或叶短宽，边缘有尖齿状刺。花序为伞形、总状、穗状、圆锥形等，色呈红、黄或具赤色斑点，花瓣6片、雌蕊6枚。花被基部多连合成筒状。

生长习性与管理要点

喜欢生长在排水良好、不易板结的疏松土质中。怕寒冷，它长期生长在终年无霜的环境中。5℃左右停止生长。

繁殖方法

一般采用幼苗移栽或扦插等技术进行无性繁殖。无性繁殖速度快，可以稳定保持品种的优良特征。

家庭的观赏

可摆放在客厅、书房、卧室等场所。

（十）条纹十二卷［*Haworthia fasciata*(Wild.)Haw］

为百合科十二卷属植物。

形态特征

多年生肉质草本植物。叶片紧密轮生在茎轴上，呈莲座状；叶三角状披针形，先端锐尖；叶表光滑，深绿色；叶背绿色，具较大的白色瘤状突起，这些突起排列成横条纹，与叶面的深绿色形成鲜明的对比，具有较好的观赏价值。

生长习性与管理要点

喜温暖、干燥和阳光充足环境。怕低温和潮湿，生长期适温3~9月以16~18℃为宜，9月到翌年3月以10~13℃为宜，冬季最低温度不低于5℃。对土壤要求不严，以肥沃、疏松的沙壤土为宜。每年春、秋季为旺盛生长期，浇水要适量，盆土以偏干为宜，浇水过多容易引起根部腐烂，此阶段需肥量较大，一般每3周浇施1次复合肥；夏季为休眠期，应控制浇水，注意适当遮阴；冬季温度维持在10℃以上，保持盆土干燥为宜，温度低，浇水量大，会导致叶片萎蔫，植株死亡。

繁殖方法

（1）分株繁殖 可结合换盆进行，常在4~5月换盆时，把母株周围的幼株剥下，直接盆栽。分株上盆后可将盆置于荫蔽处，并控制浇水，待新根长出后逐渐增加光照和浇水量。盆土宜选用2份腐叶土与1份河沙的混合土，另外加入适量骨粉或过磷酸钙作基肥。

（2）扦插繁殖 5~6月将肉质叶片轻轻切下，将基部带上半木质化部分，插于沙床，20~25天可生根。根长2~3厘米时可盆栽。

家庭的观赏

条纹十二卷是常见的小型多浆植物。肥厚的叶片镶嵌着带状白色星点，清新高雅。可配以造型美观的盆钵，装饰桌案、几架等。

（十一）石莲花(*Graptopetalum paraguayense*)

景天科风车草属。

形态特征

多年生多浆草本植物。茎多分枝，丛生，圆柱形，节间短，肉质，上有气生根。幼苗叶为莲座状着生，老株叶抱茎，基部叶片脱落，枝顶端叶片为疏散的莲座状。叶厚，卵形，先端尖，肉质，全缘，表面被白粉，略带紫色晕，平滑有光泽，似玉石。聚伞花序，腋生，萼片与花瓣白色，瓣上有红点。它的叶像莲花瓣，在茎上叠生，形似朵朵莲花，且它的叶片晶莹剔透，如用玉石雕琢而成，极像莲花座，故它的学名叫石莲花。

生长习性与管理要点

原产墨西哥。性强健，易栽培。喜阳光，耐干旱，不耐寒。要求排水好的沙质壤土。石莲花管理简单，每年早春换盆，清理萎缩的枯叶和过多的子株。盆栽土以排水好的泥炭土或腐叶土加粗沙。生长期以干燥环境为好，不需多浇水。

繁殖方法

常用扦插繁殖。室内扦插，四季均可进行，以8~10月为最佳，生根快，成活率高。插穗可用单叶、蘖枝或顶枝，剪取的插穗长短不限，但剪口要干燥后，再插入沙床。插后一般20天左右生根。插壤不能太湿，否则剪口易发黄腐烂，根长2~3厘米时上盆。也可用分株繁殖，最好在春天进行。

家庭的观赏

石莲花品种繁多，形态独特，养护简单，很适合家庭栽培。置于桌案、几架、窗台、阳台等处，充满趣味，如同有生命的工艺品，是近年来较流行的小型多肉植物之一。

（十二）落地生根(*Kalanchoe daigremontiana*)

景天科伽蓝菜属植物。

形态特征

多年生肉质草本植物。株高50~100厘米，茎单生，直立，褐色。叶交互对生，叶片肉质，长三角形，叶长15~20厘米，宽2~3厘米以上，具不规则的褐紫斑纹，边缘有粗齿，缺刻处长出不定芽。复聚伞花序、顶生，花钟形，橙色。

生长习性与管理要点

原产非洲马达加斯加岛的热带地区，分布于我国福建、台湾、广东、广西、云南等地的山坡、沟边路旁湿润的草地上，各地温室和庭院常栽培。喜温暖及阳光充足，耐干旱，生长适温为13~19℃，越冬温度为7~10℃，要求排水良好的肥沃沙质壤土。

繁殖方法

常用扦插、不定芽和播种繁殖。扦插以5~6月最佳，将健壮叶片平放在沙床上，与沙紧贴，保持湿度。插后1周即能从叶缘齿缺处长出小植株。长成后割切移入盆内。枝插，剪取顶端枝条8~10厘米长，稍干燥后插入沙床，1周后开始生根，2周后可盆栽。不定芽繁殖更是简便，将叶缘生长的较大不定芽剥下可直接上盆。播种，种子细小，播后不覆土，播后12~15天发芽，发芽率高。

家庭的观赏

宽叶落地生根是最常见的多浆类植物。其叶片肥厚多汁，边缘长出整齐美观的不定芽，形似一群小蝴蝶，飞落于地，立即扎根繁育子孙后代，颇有奇趣。用于盆栽，是窗台绿化的好材料，点缀书房和客室也具雅趣。

（十三）虎刺梅(*Euphorbia milii*)

又名铁海棠，大戟科大戟属植物。

形态特征

多刺直立或稍攀缘性小灌木。株高1~2米，多分枝，体内有白色浆汁。茎和小枝有棱，棱沟浅，密被锥形尖刺。叶片密集着生新枝顶端、倒卵形，叶面光滑、鲜绿色。花有长柄，有2枚红色苞片。花期冬、春季，南方可四季开花。蒴果扁球形。同属植物常见栽培的有白花虎刺梅。目前有多种花色园艺变种及大花品种。

生长习性与管理要点

原产于马达加斯加。喜温暖、湿润和阳光充足环境。耐高温、不耐寒。以疏松、排水良好的腐叶土为最好。冬季温度不低于12℃。

繁殖方法

主要用扦插繁殖。整个生长期都能扦插，但以5~6月进行最佳，成活率高。选取上年成熟枝条，剪成6~10厘米的小段，以顶端枝为好。剪口有白色乳汁流出，用温水清洗晾干后，再插入沙床。保持稍干燥，插后约30天可生根。

家庭的观赏

虎刺梅全株生有锐刺，茎中白色乳汁有毒。虎刺梅类植物伤口分泌出的白色乳汁，对人的皮肤、黏膜有刺激作用，误食会引起恶心、呕吐、腹泻、头晕等。家庭养植只要不随意折花给孩子玩，就不会造成危害。

（十四）光棍树 (*Euphorbia tirucalli* Linn.)

大戟科大戟属植物。

形态特征

小乔木，高2~6米，直径为10~25厘米，老时呈灰色或淡灰色，幼时绿色，上部平展或分枝；小枝肉质，具丰富乳汁。叶互生，长圆状线形，长7~15毫米，宽0.7~1.5毫米，先端钝，基部渐狭，全缘，无柄或近无柄；常生于当年生嫩枝上，稀疏且很快脱落，由茎行使光合功能，故常呈无叶状态；总苞叶干膜质，早落。花序密集于枝顶，基部具柄。

生长习性与管理要点

由于原产地在干旱少雨的非洲，它们的叶子就逐渐变小，甚至慢慢地消失了。这样，可以减少体内的水分蒸发，大大节省用水。为了制造有机质而能生存下去，它的树枝就变成了绿色，以代替叶片进行光合作用。可见，光棍树的这种有趣特点，是为了适应严酷的自然条件和生存环境，而逐渐形成特殊的耐旱本领。光棍树是为了适应非洲荒漠地带干旱的气候才逐渐退化了叶子，用绿色的茎和枝条进行光合作用的。

繁殖方法

扦插法繁殖。温暖地带可露地栽培，寒地盆栽，温室越冬。1~2年换盆1次，宜用疏松的沙质壤土，要控制浇水，每15~20天施追肥1次。

家庭的观赏

为奇特的观茎植物，适盆栽室内观赏，也可庭院栽植。

（十五）虎尾兰(*Sansevieria trifasciata*)

又名虎皮兰、锦兰，龙舌兰科虎尾兰属植物。

形态特征

地下茎无枝，叶簇生，下部筒形，中上部扁平，剑叶刚直立，株高50~70厘米，叶宽3~5厘米，叶全缘，表面乳白、淡黄、深绿相间，呈横带斑纹。金边虎尾兰叶缘金黄色，宽1~1.6厘米；银脉虎尾兰，表面具纵向银白色条纹。若家庭盆栽管理得好，全株叶片高达1.2米以上。花从根茎单生抽出，总状花序，花淡白、浅绿色，3~5朵一束，着生在花序轴上。

生长习性与管理要点

一般放置于阴处或半阴处，但也较喜阳光，只有光线太强时，叶色会变暗、发白。喜欢温暖的气温。其适宜温度18~27℃，低于13℃即停止生长。冬季温度也不能长时间低于10℃，否则植株基部会发生腐烂，造成整株死亡。

繁殖方法

（1）叶插繁殖 在5~8月进行，将成熟的叶片自基部剪下，按6~10厘米的小段截开，插入素沙土中，入土深度3厘米左右，插后放在疏阴下。温度保持在18~25℃，20天左右开始生根。当幼株长出2~3片叶时即可上盆。金边虎尾兰用叶插法成活后，金边常易消失，故多采用分株法繁殖。

（2）分株繁殖 由于地下横生匍匐茎常露出土壤表面，所以分株时不必脱盆，直接把根茎切开，提出来后上盆栽种，没有须根也能成活。当叶簇拥挤满全盆后，可进行脱盆，抖掉所有泥土，以1个叶簇为单位剪断根茎，分开上盆栽种，1年后可萌发出4~5个新叶簇。

家庭的观赏

此类植物耐旱、耐湿、耐阴，能适应各种恶劣的环境，适合庭院美化或盆栽，为高级的室内花材植物。由于卫生间湿气大，宜放盆虎尾兰，能吸湿、杀菌。

附录 常见家庭养花病虫害防治

病虫害名称	症状	防治方法
鸡冠花褐斑病	叶片感病初期，叶片出现黄或浅红褐色小斑，扩展成圆形、不规则病斑，边缘紫褐色，中间有色较浅的病斑，病斑连片可使叶片枯黄、早落，单个病斑干枯脱落则形成穿孔。茎上发病时，最初出现不规则或条状褐色腐烂，如同开水烫状；严重时，病部以上茎叶枯死	播种前，对种子和土壤消毒处理；发病初期喷1∶1∶100波尔多液或70%百菌清可湿性粉剂600倍液，或用50%多菌灵可湿性粉剂500倍液灌根处理，每盆用药液量100~150克，每7~10天喷（灌）1次，连续2~3次可治
鸡冠花立枯病	植株染病后，幼苗茎基部或地下根部出现水渍状椭圆形或不规则暗褐色病斑，逐渐凹陷，边缘较明显，病斑扩大绕茎一周时，茎部以上干枯死亡，一般不折倒	发病初期，喷10%立枯灵水悬剂300倍液，或50%立枯净可湿性粉剂900倍液。立枯病、猝倒病混合发生时，喷施72.2%普力克水剂800倍液加50%福美双可湿性粉剂800倍液
鸡冠花疫病	植株感病后，茎部受害初期感病部位出现水渍状、暗绿色不规则斑点，逐渐扩大，向上蔓延。后期病斑呈黑褐色，边缘不明显。病情发展迅速，很快扩展至中部，甚至顶端出现斑块，严重时整株的茎部都呈黑色。叶片受害多发生于叶缘、叶基部，叶柄受害后则叶片萎蔫，潮湿时病部生稀散的白色霉层	发病初期，喷施75%百菌清可湿性粉剂700倍液，或65%代森锌可湿性粉剂600倍液，并将植株下面的土壤喷湿
鸡冠花蚜虫	多在嫩叶处为害。蚜虫以刺吸式口器刺入植物组织内吸食汁液，致使植株生长缓慢，叶片卷曲畸形	可用5%吡虫啉乳油2 000~3 000倍液，或20%杀灭菊酯5 000倍液，或80%敌敌畏1 500~2 000倍液喷杀

续表

病虫害名称	症状	防治方法
万寿菊叶斑病	为害叶、茎、花。叶片发病，自下部叶片逐渐向上部蔓延，从叶缘处或从叶片中部开始发生。茎部染病，多从叶腋处先发生，并向新生枝及主茎扩展，造成病部变褐、变紫，病斑多为圆形或长椭圆形。花部受害，多从花萼开始，初为褐色小点，中央灰白色，边缘有紫褐色坏死，以后逐渐扩展，并引起花瓣染病，导致花瓣凋萎，严重时整朵花密布病斑，花瓣变褐枯死，苞片变黑	在发病初期喷50%扑海因可湿性粉剂800倍液，或75%百菌清可湿性粉剂1 000倍液，或50%多菌灵可湿性粉剂1 000倍液，7~10天喷1次，连续喷2~3次
万寿菊叶枯病	从叶尖或叶缘侵入，初为黄色小点，以后迅速向内扩展为不规则形大斑，严重受害的全叶干枯达2/3，病部褪绿黄化，褐色干枯脱落	在发病初期喷施75%百菌清可湿性粉剂500倍液，或70%甲基托布津可湿性粉剂1 000倍液
万寿菊刺蛾	主要为黄刺蛾、褐边绿刺蛾的幼虫，在高温季节大量啃食叶片	以人工捕捉为好，也可用90%敌百虫晶体800倍液，或2.5%杀灭菊酯乳油1 500倍液喷杀
万寿菊介壳虫	刺吸植株嫩茎、幼叶的汁液，导致植株生长不良	可于其若虫孵化盛期，用25%扑虱灵可湿性粉剂2 000倍液喷杀
万寿菊蚜虫	主要为管蚜、桃蚜等，它们刺吸植株幼嫩器官的汁液，为害嫩茎、幼叶、花蕾等，严重影响植株的生长和开花	用10%吡虫啉可湿性粉剂2 000倍液喷杀
蔷薇三节叶蜂	多在幼虫期，数十条或百余条群集为害，短时间内可将植株的嫩叶吃光，仅剩下几条主叶脉，严重为害植株的正常生育	发现虫害时，采摘聚集有大量幼虫的叶片，将其踩死；大量发生时，可用75%辛硫磷乳油4 000倍液喷杀

续表

病虫害名称	症状	防治方法
瓜叶菊白粉病	初染病时，叶片出现零星的、不明显的白斑，后整个叶片布满灰白色粉状霉层。植株受害后，叶片、嫩梢扭曲萎蔫，生长衰弱，有的完全不能开花。发病严重时，导致叶枯，甚至整株死亡	室内经常保持良好的通风条件，增加光照；发病后立即摘除病叶，并及时喷施50%多菌灵1 000倍液，或70%甲基托布津可湿性粉剂800倍液，或50%代森铵可湿性粉剂2 000倍液，或25%粉锈宁可湿性粉剂2 000倍液
瓜叶菊黄萎病	被害植株分蘖性很强，花序展开受抑制，花色变绿，发育不正常，偶尔也有花徒长现象	生长期可适当增施钾肥，以增强植株抗病力，减少病毒侵染的机会；发现植株染上病毒，应立即拔除病株并烧毁
瓜叶菊红蜘蛛	通常在叶背主脉周围为害，受害叶正面最初可见失绿的小白点，逐渐变红，叶背面出现丝网，被害叶片最终会脱落	在虫害发生期，若瓜叶菊尚未现蕾开花，可用40%三氯杀螨醇乳剂2 000倍液，或40%氧化乐果乳油1 000倍液，每7天喷1次，连续喷2~3次，效果较佳；若瓜叶菊已现蕾开花，为避免花受害，尽量不喷施农药，除可采用叶面喷水冲洗或利用口香糖粘除虫外，亦可用一些天然植物如大蒜、大葱、花椒等捣烂水泡数天后的浸出液配合适量中性洗衣粉进行喷治
瓜叶菊蚜虫	群集在叶背及嫩茎吸取汁液为害。被害叶片变黄，向背面卷曲皱缩	在蚜虫为害期喷施40%氧化乐果1 200倍液，或40%乙酰甲胺磷1 000倍液喷杀。为避免花期药害，也可用植物性药剂3%天然除虫菊酯，或2.5%鱼藤精，或40%硫酸烟精1 000倍液喷杀
瓜叶菊毒蛾	主要是幼虫为害，常被称为毒毛虫。初龄幼虫群集为害，啃食叶肉，留下表皮，似天窗状。稍大的毒毛虫分散为害，将叶片咬成缺刻、孔洞。整个植株从下部较大叶片开始受害	人工捕杀，值得注意的是毒毛虫对人体皮肤有毒害，捉时须戴手套用镊子。也可用50%杀螟硫磷或50%辛硫磷1000倍液喷杀

续表

病虫害名称	症状	防治方法
金盏菊白粉病	初发病时，叶的正反两面出现白色、粉状圆斑。病情进一步发展时，叶面布满白粉，茎也为白色，植株生长减慢，不久枯死	发病后喷施70%甲基托布津可湿性粉剂1 500倍液，或25%粉锈宁可湿性粉剂4 000倍液，每隔10~15天喷1次，连续喷2~3次
金盏菊灰霉病	幼苗期在通风不良、潮湿条件下常见，感病的部位出现灰褐色霉层，严重时整株枯黄	发病时可喷施50%代森锌可湿性粉剂800倍液，或75%百菌清可湿性粉剂500倍液，约10天喷1次，连续喷3次
金盏菊中金弧夜蛾	以幼虫吸食叶片为害	在幼虫少量发生时，可用人工捕捉；也可用Bt乳剂200~500倍液，或50%杀螟松800~1000倍液喷杀
金盏菊烟蓟马	主要为害叶片，使叶片出现灰白色的条斑，严重时叶片发生卷曲、枯死	发现虫害时用20%杀灭菊酯2 500倍液，或40%氧化乐果1000倍液喷杀
雏菊菌核病	初在茎中下部出现水渍状病斑，后变为灰白色；潮湿条件下，病部软腐，表面生出白色霉层，后期茎皮层霉烂成丝裂状，内生有鼠粪状黑色菌核，有时茎表面也产生菌核	发病初期喷施40%多硫悬浮剂600~700倍液，或70%甲基硫菌灵可湿性粉剂500~600倍液，或80%多菌灵可湿性粉剂600~700倍液，每7~10天喷1次，连续喷2~3次
雏菊叶斑病	染病叶片上病斑散生，初为褪绿斑，而后变为褐色或黑色，病斑逐渐扩大成为圆形、椭圆形或不规则状，逐渐扩大增多，从植株下面向上蔓延，严重时病斑联合成片，叶枯下垂，倒挂于茎上	一旦发现病叶要及时清除；喷施75%百菌清可湿性粉剂500倍液，或65%代森锌可湿性粉剂500倍液，每7~10天喷1次，连续喷3~4次

续表

病虫害名称	症状	防治方法
天竺葵叶斑病	早期叶片上会出现针尖大小、圆形或不规则的褐色小斑点，以后逐渐扩大为暗褐色或赤褐色的病斑，严重时整张叶片布满了病斑，直至干枯脱落；其茎秆部和枝条也呈黑色、皱缩腐烂，甚至茎上的叶片枯萎坏死，只留顶部的几片叶子	在高温、高湿期间每2周喷1次200倍等量式的波尔多液，连续喷3次
天竺葵灰霉病	本病主要是由于浇水过多而引起的，如果遇到阴冷潮湿的时候发病更加严重。先为害花，使花瓣的边缘颜色变暗枯萎，空气湿度过大就会出现灰色的霉层，小花扭结在一起，受害花瓣落到叶片上，也会引起叶片的发病。叶面上出现水渍状的褐色病斑，干后皱缩，上面覆有浅灰色的霉层	发病后及时摘除病叶和病花，注意通风透光；发病初期及时用75%百菌清可湿性粉剂500倍液喷洒，连续喷3次
矮牵牛花叶病、青枯病	花叶病：感病植株出现叶斑驳症，形成花叶，颜色有深有浅，常伴有叶卷曲，生长势减弱，花畸形，变小等 青枯病：植株迅速萎蔫、枯死，茎叶仍保持绿色。病茎的褐变部位用手挤压有乳白色菌液排出	首先盆栽土壤必须消毒，出现病株立即拔除，并用10%抗菌剂401醋酸溶液1 000倍液喷施防治，也可用甲基托布津、百菌清等农药800倍液喷施
矮牵牛蚜虫	参见鸡冠花症状	可用5%吡虫啉乳油2 000～3 000倍液，或10%二氯苯醚菊酯乳油2 000～2 500倍液喷杀

续表

病虫害名称	症状	防治方法
一串红疫霉病	主要为害茎、枝、叶。植株感病后，茎部受害初期感病部位出现水渍状、暗绿色不规则斑点，逐渐扩大，向上蔓延。后期病斑呈黑褐色，边缘不明显。病情发展迅速，很快扩展至中部，甚至顶端出现斑块，严重时整株的茎部都成黑色。叶片受害多发生在叶缘、叶基部，叶柄受害后则叶片萎蔫	以控制湿度为主，浇水时防止泥土飞溅到叶片上，少浇叶面水，以减少发病条件；发现病株及时拔除烧毁，防止扩大蔓延；发病初期喷75%百菌清可湿性粉剂700倍液，或65%代森锌可湿性粉剂600倍液，并将植株下面的土壤喷湿
一串红花叶病毒病	植株感病后，叶片主要表现为深浅绿色相间的花叶或斑驳，叶皱缩、细小、质地变脆，植株矮化、丛生，花穗变短	选用无毒健康植株做采种母株或用种子繁殖；及时防治蚜虫，减少病毒传播；发现病株及时销毁；发病初期喷20%病毒灵可湿性粉剂400倍液2~4次
一串红刺蛾	主要为黄刺蛾、褐边绿刺蛾的幼虫，在高温季节大量啃食叶片	一旦发现，立即用90%敌百虫晶体800倍液，或2.5%杀灭菊酯乳油1 500倍液喷杀
一串红介壳虫	参见万寿菊症状	参见万寿菊防治方法
一串红蚜虫	主要为一串红管蚜、桃蚜	参见万寿菊防治方法

续表

病虫害名称	症状	防治方法
彩叶草 猝倒病	小苗和插枝嫩枝茎部出现水渍状黑色腐烂，干缩成线状。病害发展很快，当叶片仍为绿色时，幼苗已猝倒，病残体表面生一层白色棉絮状菌丝	发病时，可喷施25%甲霜灵可湿性粉剂800倍液或40%疫霜灵可湿性粉剂300倍液，也可以用药液浇灌病株根部
彩叶草 叶斑病	主要为害叶片。初生深褐色至黑褐色病斑，四周有褪绿晕圈。病斑扩大后呈圆形，一般边缘色较深，中央黄褐色	用50%托布津可湿性粉剂500倍液喷施
彩叶草 介壳虫、红蜘蛛、白粉虱	害虫聚集在叶背面吸食汁液为害	30%乙酰甲胺磷乳油800~1 000倍液，或40%氧化乐果乳油1 000倍液喷雾防治
三色堇 碎色病	病害发生初期叶片出现淡绿色病斑，继而发展成花叶，严重时叶片畸形，生长受阻，节间缩短，植株矮小，花瓣形成黄、白碎色条斑，花朵变小并严重退化	发现病株及时拔除；注意防治蚜虫，以减少病毒侵染来源
三色堇 炭疽病	发病初期叶片出现水渍状暗色小斑点，以后扩大形成黄褐色病斑，病斑边缘暗黑色，有同心轮纹。叶柄和花梗感病后病斑呈黄褐色或黑褐色水渍状条形，病部凹陷，可蔓延至茎部，发病严重时整株枯死	发病初期喷施80%代森锌可湿性粉剂800倍液，或75%百菌清可湿性粉剂800倍液，或50%多菌灵可湿性粉剂800倍液
三色堇 二十八星瓢虫	以成、幼虫取食叶片为主	发现时可人工摘除捕杀；也可用0.3%苦参素水剂1 000倍液，或1.2%烟·参碱乳油1 000倍液，或50%乙酰甲胺磷乳油1 000倍液，或50%杀螟松乳油1 000倍液等喷杀
三色堇 黄胸蓟马	主要以若虫和成虫为害三色堇的花，并会留下灰白色的点斑，为害严重时，会使三色堇的花瓣卷缩、花朵提前凋谢	用2.5%溴氰菊酯乳油4 000倍液，或50%杀螟松乳油1 500倍液喷杀

续表

病虫害名称	症状	防治方法
虞美人霜霉病	在苗期发病致苗枯；成株期可为害叶片、茎及花。在植株下部老叶的正面产生淡褐色斑，叶背部有白色、浅灰色至紫灰色霜霉层，严重时叶片变褐干枯	发病初期喷50%代森锰锌可湿性粉剂600倍液，或50%代森铵可湿性粉剂1 000倍液
虞美人细菌性斑点病	为害叶、茎及花。叶上初生细小水渍状斑点，不久成为圆形暗褐色斑，常有同心轮纹，周围有水渍状晕圈。茎上病斑长条形，并能汇合环切茎部。花部尤其是幼嫩花萼最易感染，感染后部分或全部变黑	从无病株采种繁殖，注意通风；发病后及时摘除病叶，拔除病株并烧毁
虞美人蚜虫	成虫、若虫密集于嫩梢，吮吸叶上汁液	用30%乙酰甲胺磷乳油800倍液，或40%氧化乐果乳油1 000倍液，或2.5%鱼藤精乳油1 500倍喷杀
美女樱白粉病	染病叶面产生近圆形白色的粉斑，并迅速扩大，连接成片，为边缘不明显的大片白粉区，上面布满白色粉霉。严重时，叶片黄枯	发病初期，喷施70%甲基托布津可湿性粉剂1 000倍液，或20%三唑酮乳油1 500倍液，每7~10天喷1次，连续喷2~3次
美女樱灰霉病	花瓣受害时，产生水渍状小斑，不久扩大，变褐腐烂。叶部受害，先是边缘发生褐色发软的病斑，再扩大到全叶。天气潮湿时，着生灰霉层，后变褐干枯	喷施70%甲基托布津可湿性粉剂1 000倍液，或50%扑海因可湿性粉剂1 000倍液
美女樱茎腐病	受害植株在靠土面的茎基部初生暗绿色斑点，扩大后呈棕褐色腐烂。早晨潮湿时在病斑处可见白色丝状物，受害严重的病株倒伏	发病期间加强管理，空气湿度大时少淋或不淋水，以保持盆中泥土湿润为宜，少施氮肥，多施磷、钾肥；及时摘除下部接触土壤的病叶、老叶；喷施65%敌克松500~700倍液，或75%百菌清600~800倍液

续表

病虫害名称	症状	防治方法
美女樱 蚜虫、白粉虱	参见万寿菊症状	参见万寿菊防治方法
金鱼草 霜霉病	主要为害叶片，感病后叶背面叶脉附近先出现白色霜状物，严重时叶枯死	发病初期喷施80%三乙磷酸铝500倍液，或64%杀毒矾可湿性粉剂500倍液，或72.2%普力克水剂800倍液
金鱼草 灰霉病	黄褐色的病斑包围整个茎部，引起上部植株部分萎蔫，严重时花和感染的部分显现大量灰色或褐色的孢子	发病初期，喷施70%甲基托布津可湿性粉剂1 000倍液，或50%多菌灵可湿性粉剂800倍液，每隔7~10天喷1次，连续喷2~3次可治
金鱼草 蚜虫、 红蜘蛛、 白粉虱、蓟马	成虫或若虫吸食植物汁液	3%天然除虫菊酯乳油，或2.5%鱼藤酮乳油800~1 000倍液，或30%乙酰甲胺磷乳油800倍液，对蚜虫有特效。用40%三氯杀螨醇乳剂1 000倍液喷杀红蜘蛛。用黄色塑料板涂重油，诱杀白粉虱成虫。用50%杀螟硫磷乳油1 000倍液治喷杀蓟马有较好效果
凤仙花 白粉病	染病叶面布满白粉，随后，在白粉中形成黄色小粒点，颜色逐渐变深，最后呈黑褐色	发病初期喷施15%粉锈宁可湿性粉剂1 000~1 200倍液，或70%甲基托布津可湿性粉剂1 000倍液防治
凤仙花 褐斑病	叶面病斑初为浅黄褐色小点，后扩展成圆形或椭圆形，以后中央变成淡褐色，边缘褐色，具有不明显的轮纹。严重时，病斑连片，导致叶片枯黄，直至植株死亡	发病初期喷施25%多菌灵可湿性粉剂300~600倍液，或70%甲基托布津可湿性粉剂1 000倍液，或75%百菌清可湿性粉剂1 000倍液防治
凤仙花 红天蛾	幼虫啃食叶片，影响植株的生长发育	发现此虫可人工捕捉灭除；在幼虫发生期可用80%敌百虫可湿性粉剂1 000倍液，或2.5%溴氰菊酯4 000倍液喷杀

续表

病虫害名称	症状	防治方法
月见草 腐烂病	染病植株根部逐渐变色腐烂，叶片萎蔫干枯，直至全株枯死	用1%石灰水，或50%甲基托布津可湿性粉剂1 500倍液，或75%百菌清可湿性粉剂1 000倍液灌根
月见草 斑枯病	叶片上病斑圆形，直径为2~3毫米，淡褐色，边缘紫红色，中间褐色，上生有许多小黑点，严重时叶片枯死	播种前对种子消毒；发病初期喷施50%代森锰锌可湿性粉剂500倍液，或50%多菌灵可湿性粉剂500倍液，或50%万霉灵可湿性粉剂600倍液，或50%退菌特可湿性粉剂600倍液
月见草 铜绿丽金龟子	以幼虫取食幼苗或叶片	发现虫害人工捕杀；也可用90%敌百虫30倍液将炒香麦麸拌潮，施毒饵诱杀
香豌豆 白粉病、炭疽病	白粉病：叶片染病初现白粉状淡黄色小点，后扩大成不规则形粉斑，互相连合，病部表面被白粉覆盖，叶背呈褐色或紫色斑块。病情扩展后波及全叶，致叶片迅速枯黄。茎、荚染病也出现小粉斑，严重时布满茎、荚，致茎部枯黄，嫩茎干缩。 炭疽病：叶、茎、花和种荚均可受害。发病初期，感病叶上产生圆形或椭圆形斑点，以后病斑中央逐渐变为暗绿色至白灰色，边缘暗褐色。病重时，病斑连合，叶片枯萎脱落。茎上病斑椭圆形至长条形，褐色，稍凹陷	发病初期用50%多菌灵可湿性粉剂1 000倍液，或75%百菌清可湿性粉剂800倍液防治
四季秋海棠 立枯病	主要为害茎基部及靠近盆土的叶片。初近土面的茎基部染病生暗色斑点，扩展后变为棕褐色腐烂状。叶片染病生暗绿色水渍状圆形病斑，侵染叶柄时出现褐色腐烂。发病重的病株倒伏或腐烂死亡	发现病叶及时摘除，加强通风；发病初期喷淋95%绿亨1号精品3 000倍液，或20%甲基立枯磷乳油1 200倍液，或50%立枯灵可湿性粉剂1 000倍液；发病后也可用40%五氯拌种双加细沙配成1:200倍药土，每株或每盆穴施100~150克，每10~15天1次

续表

病虫害名称	症状	防治方法
四季秋海棠炭疽病	叶片染病多从叶缘开始。初生半圆形至近圆形或不定形病斑，褐色至灰褐色，边缘色较深，病斑上具明显或不大明显环纹。后期病斑上散生黑色小粒点或赭红色小液滴	发现病叶及时剪除，改善通风透光条件，适当增施钾肥，提高抗病力；喷施80%炭疽福美可湿性粉剂800倍液，或50%使百克可湿性粉剂1 000倍液，或50%施保功可湿性粉剂1 500倍液
四季秋海棠灰霉病	叶片染病多发生在叶缘或叶尖，初生水渍状斑，后扩展为病组织变成褐色至黑褐色。湿度大时，可长出灰色霉层。茎部染病也产生褐色不规则形湿腐，湿度大时产生灰霉层。花器染病花瓣上生明显的浅褐色至褐色斑块，呈湿腐状	发病后及时喷施50%速克灵可湿性粉剂1 500倍液，或50%扑海因可湿性粉剂1 200倍液，或65%甲霉灵可湿性粉剂1 500倍液
含羞草蛞蝓	像没有壳的蜗牛，体软，有黏液，生活在潮湿的场所，蚕食叶片	用米糠或豆饼加2%砷酸钙或砷酸铝制成毒饵诱杀
旱伞草叶枯病	呈斑状，叶片上病斑中间呈不规则棕色，边缘黄色	可用75%百菌清可湿性粉剂500倍液，或70%甲基托布津可湿性粉剂1 000倍液
旱伞草红蜘蛛	略	1.8%农克螨乳油2 000倍液或20%灭扫利乳油200倍液，或20%螨克乳油2 000倍液，或40%氧化乐果乳油1 500乳液喷杀
石竹炭疽病	病菌从叶尖和叶缘侵入后，初期出现枯黄色斑，逐步向叶基或叶脉方向蔓延扩大，形成不规则病斑。病斑边缘明显，紫褐色。后期病斑黄褐色或灰白色，上生黑褐色或轮纹状排列的小点	发病初期喷75%甲基托布津可湿性粉剂1 000倍液，或80%大生可湿性粉剂500倍液，每隔7~10天喷1次，连续喷4~5次
石竹叶枯病	受害叶片初期叶尖枯黄，逐步向叶基部蔓延，至使叶片干枯1/3~2/3。病斑边缘不明显，后期灰白色，密生许多小黑点	及时摘除病叶，严重病株拔除烧毁；喷施50%扑海因1 500倍液，或50%多菌灵800倍液

续表

病虫害名称	症状	防治方法
石竹 红蜘蛛	群聚于叶背吸取汁液，使叶片呈灰白色或枯黄色细斑，严重时叶片干枯脱落	发现虫害后，用1.8%农克螨乳油2 000倍液，或20%灭扫利乳油2 000倍液，或20%螨克乳油2 000倍液防治，或40%氧化乐果乳油1 500倍液喷杀
长春花 猝倒病、灰霉病	猝倒病：幼苗茎基部出现水渍状黑褐色腐烂病斑，似开水烫过样，组织软化，迅速蔓延全株，最后植株倒伏死亡 灰霉病：在叶缘或茎上产生水渍状褐色至黑褐色大斑，后扩展至叶及茎的大部分，造成局部较大范围枝叶烂腐。雨日多、湿度大时，病部长出灰色霉层	猝倒病发生时喷洒65%代森锌500倍液，7～10天1次，连续喷3～4次 灰霉病用65% 甲霉灵可湿性粉剂1 000倍液喷洒
大花蕙兰 真菌性病害、细菌性病害	真菌性炭疽病：多发生于叶片顶端，病斑边缘黑褐色，中间灰白，多由高温、高湿、通风不良引起，病斑应及时剪除，并配合喷药 细菌性病害：在小苗期，此病不会发生，一般到第三年，花芽达到20~30厘米高度时，发现球茎突然都会烂掉	百菌清1 000倍液、瑞毒霉800倍液、甲霜灵800倍液 细菌性病害：常用药剂有农用硫酸链霉素6 000倍液、300毫克/升农用链霉素、800倍液井冈霉素。重茬、长期栽培时，软腐病严重
大花蕙兰 蛞蝓、红蜘蛛	在6~9月通风不良时，蛞蝓发生严重，多在叶片背部隐藏，同时为害根系	常用药剂有蛞克星、三氯杀虫螨。防治时可在砖缝中撒石灰，然后喷水，可杀死大量成虫，同时可用长寿花叶及颗粒蛞克星诱杀。红蜘蛛在叶子背面发生，因此喷药时要从叶的背面开始喷

续表

病虫害名称	症状	防治方法
蝴蝶兰 褐斑病和软腐病	褐斑病：叶片感染病菌后，初期症状为水渍状淡褐色的小斑点，以后逐渐扩大成圆形、椭圆形或长条形的病斑 蝴蝶兰软腐病：初在叶部及根茎部生长水浸状斑点，并迅速扩大为淡褐色腐烂斑。从叶背侵入的病原菌，叶面呈黄色病斑	可用50%多菌灵可湿性粉剂1 000倍液喷洒
蝴蝶兰 介壳虫、白粉虱	介壳虫：虫体主要依附在蝴蝶兰的叶片上，叶背多于叶面。症状是叶片上附着一粒粒或大或小的褐色凸起物	用2.5%溴氰菊酯乳油3 000倍液喷杀
石斛兰 黑斑病、病毒病	黑斑病：发病初期叶片上出现紫褐色小斑点，以后扩大成近圆形黑褐色病斑，其边缘呈放射状黄晕。严重时病斑相连成片，造成叶片枯黄而脱落 病毒病:石斛兰叶片上出现不规则褪绿，呈黄绿色斑块或黄色斑块与绿色斑块相间的花叶	可用10%抗菌剂401醋酸溶液1 000倍液喷洒
石斛兰 介壳虫	为害初期在叶背聚集导致叶片发黄，严重时植株死亡或不能正常生长开花	用40%氧化乐果乳油2 000倍液喷杀
菊花茎腐病	受侵染植株在中午萎凋。生长受抑制，近土面茎部腐烂	定植前，做好土壤消毒工作；在发病初期喷70%甲基托布津800倍液，或75%百菌清可湿性粉剂500倍液，7~10天喷1次，连续喷2~3次
菊花黄萎病	植株一侧凋萎，从茎基部开始，叶片逐渐变黄和枯死，但死叶留在枝上不脱落。在冷凉季节发病，温暖季节症状明显	土壤蒸汽消毒（60℃，30分钟）；发病初期，喷施75%百菌清可湿性粉剂500倍液，或50%多菌灵可湿性粉剂500倍液，7~10天喷1次，连续喷2~3次

续表

病虫害名称	症状	防治方法
菊花锈病	叶片有浅红褐色的小突起斑泡，泡状突起的中央坏死，其颜色稍为黑色	该病以防为主，在未发病前，喷施75%百菌清可湿性粉剂500倍液，或50%多菌灵可湿性粉剂500倍液防治
菊花细菌性叶斑病	多在下部叶片上有圆形或椭圆形的斑点，并逐渐增大，后结合一起，随湿度的增大，病部发展到叶缘，严重时发展到叶柄和茎上，受侵染的花芽，于未长大前即死亡。在高温、高湿环境中，最易流行发病	发病初期用72%农用链霉素可溶性液剂4 000倍液，或30%琥胶肥酸铜悬浮剂500~600倍液，7~10天喷1次，连续喷2~3次
菊花病毒病	叶色灰白，皱缩，花小，比正常的花早1周开放	选用无病植株（同圃中较为高大的苗）；避免刀具或其他用具传播病毒；防止蚜虫传播病毒
菊花蚜虫、尺蠖、蜗牛、潜叶蝇、黏虫、蚊瘿虫	略	若少量发生，可人工消灭；若大量发生，用30%乙酰甲胺磷乳油800~1 000倍液，或40%氧化乐果乳油1 000倍液喷杀
大丽菊白粉病	参见瓜叶菊白粉病症状	参见瓜叶菊白粉病防治方法
大丽菊花叶病毒病	叶片细小，出现淡绿与浓绿相间花叶或浅黄斑点，严重的叶片变为斑驳，沿中脉及大的侧脉形成浅绿色带	选用无病毒块根作繁殖材料，块根上的芽也不能作扦插材料。另注意防治蚜虫、叶蝉、蓟马等；发病后，喷施7.5%克毒灵水剂700倍液或3.85%病毒必克可湿性粉剂700倍液有效

续表

病虫害名称	症状	防治方法
大丽菊叶蝉	以成虫和若虫在植株叶背吸汁为害，使叶面出现黄褐色斑点，叶片向背面皱缩，严重时全叶变色枯焦	结合修剪，剪除被害枝叶并处理，以减少虫源；可用90%晶体敌百虫1 000~1 500倍液，或2.5%溴氰菊酯乳油1 500~2 000倍液喷杀
大丽菊红蜘蛛	参见万寿菊症状	参见万寿菊防治方法
非洲菊斑点病	感病叶上产生紫褐色的小斑，逐渐扩大为具有同心轮纹的大斑。后期花中心腐烂，上面有稀疏的灰褐色尘埃状真菌丝	上盆前对土壤进行灭菌处理，减少菌源；发病后，喷施75%百菌清500倍液，或70%甲基托布津1 000倍液，防治效果明显
非洲菊病毒病	病株叶片产生褪绿叶斑，少数病斑为坏死状，严重时叶片变小、皱缩、发脆，有些品种还表现为花瓣破碎，花朵畸形，花色不鲜艳，病株比健康株矮小	及时防治蚜虫，减少传毒媒介，发现病株及时清除并销毁
非洲菊灰霉病	为害花、根、茎部。花染病后，初期在花蕾和花瓣上产生水渍状斑点，后逐渐扩大，引起花瓣枯死。根基部染病后向侧面及下部扩展，引起严重腐烂，染病株地上部叶柄出现深色长条形病斑，致使叶片枯萎，变成灰黄色，严重时植株死亡	发病初期用50%多菌灵可湿性粉剂500倍液，或50%速克灵可湿性粉剂1 000倍液喷施

续表

病虫害名称	症状	防治方法
非洲菊白粉病	主要为害叶片，发病初期叶面出现白色霉点，后逐渐扩展为圆形或长椭圆形黄白色病斑，斑上覆盖白色粉状物，后期白粉变为灰白色，叶片焦枯，严重时整叶布满白粉	发病初期摘除病叶集中烧毁，以减少传染；喷施70%甲基托布津可湿性粉剂800~1 000倍液，或20%粉锈宁乳剂1 000倍液，7~10天喷1次，连续喷2~3次
非洲菊潜叶蝇	在叶片上形成弯弯曲曲的白色隧道，虫子躲在叶背表皮下	用50%杀螟松乳油1 000~1 200倍液喷杀
非洲菊白粉虱	主要为害嫩叶，多集中在叶背面刺吸汁液，受害叶片呈失水状，萎蔫下垂，变黄，干枯死亡	利用其有强烈的趋黄习性，插黄色粘蚊纸捕杀；也可在发现后喷施80%敌敌畏乳油800倍液，或40%速扑杀1 000倍液，需连喷3~4次才能收到防治效果
芍药灰霉病	叶部病斑近圆形或不规则，侵染茎时，病斑褐色，呈软腐状，使植株折倒；花部被害变成褐色、软腐，产生灰色霉状物	注意通风透光，适量施用氮肥，随时清除病叶、病株。植株发病时可喷50%代森锌可湿性粉剂800~1 000倍液，或70%甲基托布津可湿性粉剂1 000~1 500倍液，10~15天喷1次，连续喷2~3次
芍药褐斑病	发病时，叶背出现2~10毫米大小不一的圆点，病斑中心渐成黄褐色，见数层同心轮纹，叶背病斑暗褐色，轮纹不明显。叶面病斑上散生细小的黑点。一叶上可生20~30个病斑，可连成形状不规则大型病斑，严重时叶片枯死	随时摘除染病叶片，发病期用50%代森锌可湿性粉剂500倍液，或50%代森锰锌可湿性粉剂500倍液，或75%百菌清800倍液喷施，每10~15天喷1次，连续喷2~3次。也可用1∶1∶100的波尔多液与代森锌的混合液，每7~10天喷1次，连续喷2~3次
芍药蚜虫	蚜虫吸食叶片的汁液，使被害叶卷曲变黄；蚜虫分泌蜜露，可使被害株茎叶生理活动受阻；同时其蜜露又是病菌的良好培养基，常引发煤污病等；蚜虫还能传播病毒病	用40%乐果乳剂1 000~1 500倍液，或80%敌敌畏乳油1 500~2 000倍液喷杀

续表

病虫害名称	症状	防治方法
芍药介壳虫	介壳虫吸食植株汁液，使植株生长衰弱，叶变黄	卵的盛孵期喷药，刚孵出的虫体表面尚未披蜡，易被杀死。可喷40%氧化乐果乳油1 000~1 500倍液，或50%马拉硫磷乳剂800~1 000倍液，或50%辛硫磷乳剂1 000~2 000倍液。喷药要均匀，全株都要喷到。在蜡壳形成后喷药无效，需人工捕杀
君子兰软腐病	叶片上出现淡黄色水渍状斑点，后扩大成不规则病斑，叶片变成褐色软腐，病斑伤口处有菌液流出。在病害的发展过程中，经常使植物的基部及根部完全腐烂，有的虽然不发生腐烂，但叶片出现干枯，像一张黄色的薄纸	一旦发现此病，应立即把病株分开，扒开植株周围的培养土，使发病部位露出，掰开腐烂病叶，用消毒刀刮去腐烂部分，日光适当照射，保持通风干燥；如腐坏植株多，须全部切除罹病组织，用5%高锰酸钾溶液浸泡1小时，以清水冲洗晾干，在切口处涂抹草木灰，另换新盆栽植，置于温度不高的通风处；药物治疗可用青霉素或链霉素或土霉素4 000~5 000倍液喷洒或涂抹病斑
君子兰炭疽病	此病多发生在叶尖或边缘部位，发病初期叶片出现粉红色胶质黏液，后扩展成为红紫色或暗褐色圆形或椭圆形病斑，四周呈现褐色病斑渐变干枯，斑上散生着黑色颗粒状物。严重时整株受侵染，叶片变黑、枯萎	防治炭疽病要注意通风和光照，盆土排水要良好；要适当增加磷、钾肥，控制氮肥。发病初期，喷施50%多菌灵可湿性粉剂800倍液，或50%甲基托布津可湿性粉剂1 000~1 500倍液，或60%炭疽福美800~1 000倍液，每7~10天1次，连续3次，能够预防和治疗此病。另外，增施磷、钾肥，降低盆土湿度，注意通风降温，提前喷洒托布津等药物进行预防

续表

病虫害名称	症状	防治方法
君子兰叶斑病	发病初期，叶面出现黄色小斑点，之后斑点颜色逐渐加深，斑痕面积不断扩大，边缘隆起，有米黄色球状细菌胶质流出，最后产生溃烂，以致将整株烂掉	及时除去带病组织，并集中烧毁，及时换盆土。发病初期，喷施25%多菌灵可湿性粉剂300~600倍液，或50%托布津可湿性粉剂1 000倍液，或70%代森锰可湿性粉剂500倍液、或80%代森锰锌可湿性粉剂500倍液，7~10天1次，连续喷2~3次
君子兰介壳虫	为害叶片，吸食植株的汁液，使植株长势不旺，叶片枯萎，失去观赏价值	用棉球蘸酒精或食醋（米醋）轻轻擦拭受害的茎、叶，即可将介壳虫掐掉杀死；也可用30%乙酰甲胺磷乳油800~1 000倍液，或40%氧化乐果乳油1 000倍液喷杀
水仙褐斑病	主要为害水仙的叶和茎。初染病时出现于叶尖，褐色，大片感染时叶和梗均会出现病斑，使叶片扭曲，植株停止生长，导致枯死	发病初期，可用75%百菌清可湿性粉剂600~700倍液，5~7天喷洒1次，连喷数次可控制病害发展。种植前剥去膜质鳞片，将鳞茎放在0.5%福尔马林溶液中，或放在50%多菌灵500倍液中浸泡30分钟，可预防此病发生
水仙叶枯病	多发生在水仙叶片上，初发时为褪绿色黄斑，然后呈扇面形扩展，周边有黄绿色晕圈，后期叶片干枯并出现黑色颗粒状物	此病可于栽植前剥去干枯鳞片，用稀高锰酸钾冲洗2~3次预防。发病初期，可喷施50%代森锌可湿性粉剂1 500倍液，7~10天喷1次，连续喷2~3次
水仙鳞茎基腐病	该病主要发生在植株地下部分，地上茎叶也有发生。生长期，首先是地下部分感病，根系变褐色，呈水渍状腐烂，鳞茎基盘处出现褐色斑点并向上迅速蔓延，使鳞茎组织呈现深褐色或紫色腐烂，鳞片间可见白色或粉色丝状物，不久茎叶上产生褐色或紫褐色的不规则小斑，并逐渐扩大	种植前剥去膜质鳞片，将鳞茎放在0.5%福尔马林溶液中浸泡30分钟，也可用50%多菌灵可湿性粉剂，或65%代森锌可湿性粉剂500倍液，浸种球15~30分钟，可预防此病发生。发病初期喷淋25%苯菌灵乳油或50%多菌灵可湿性粉剂800倍液

续表

病虫害名称	症状	防治方法
水仙线虫病	主要为害水仙的叶片和花茎。初发时，水仙叶片和花茎上会出现黄褐色镶嵌条纹，然后出现水泡状或波涛状隆起，导致叶和茎表皮破裂而呈褐色，直至枯萎	此病可用40~43℃的0.5%福尔马林液浸泡鳞茎3~4小时加以预防。如在养护过程中发现植株染病严重，应立即将病株剔除并销毁
朱顶红叶斑病	植株受侵害后，叶尖、叶缘、叶面均形成紫褐色小点，逐渐扩展褐红色的椭圆形或不规则形的病斑。病斑边缘隆起带线纹，病斑干缩凹陷，枯黄，最后变为灰白色，散生小黑点	冬末清除植株上脱落叶，集中烧毁，减少侵染源。发病期间，喷施50%多菌灵600~800倍液，连续喷3~4次
朱顶红菊天牛	成虫产卵时咬伤茎秆，伤口以上茎梢枯萎，幼虫蛀食茎、根，致使整株枯死	成虫羽化时及时捕杀。及时剪去枯萎下垂的嫩梢，消灭其中的卵与幼虫。幼虫初孵化时，喷施90%敌百虫或50%杀螟松500~800倍液
朱顶红糠片盾蚧	该虫为害多种花卉。成虫、若虫刺吸汁液，严重时造成叶片早落，枝梢枯死，影响开花	发现虫数多时，可刮除虫体，或用白酒涮掉虫体。冬季喷施3~5波美度石硫合剂。若虫孵化期，喷施90%敌百虫1 000倍液，15天1次，连喷2~3次
百合鳞茎腐烂病	染病植株生长缓慢，叶片呈淡绿色。地下茎部呈现褐色、黑褐色斑点，逐渐感染到茎的内部，发生腐烂，造成植株死亡；在鳞片边缘，出现由浅到深的黑褐色斑点，鳞茎组织开始腐烂	播种前对种球土壤消毒，清除病原；发病初期，可浇灌50%代森铵300倍液
百合斑点病	此病初发时，叶片上出现褪色小斑，扩大后呈褐色斑点，边缘深褐色，以后病斑中心产生许多小黑点，严重时，整个叶部变黑而枯死	摘除病叶，并用65%代森锌可湿性粉剂500倍液喷施1次，防止蔓延

续表

病虫害名称	症状	防治方法
百合叶枯病	多发生在叶片上，从下部叶片的尖端开始，发病后叶片上产生大小不一的圆形或椭圆形不规则状病斑，因品种不同，病斑浅黄色至灰褐色，严重时整叶枯死	注意通风透光；发病初期摘除病叶，喷施1%等量式波尔多液，或50%退菌特可湿性粉剂800~1 000倍液，喷3~4次即可
百合病毒病	是造成百合生长发育不良和品种退化的重要原因。病株叶片出现花叶症状，如上部叶小且弯曲，叶片呈现褪绿斑或出现坏死斑，同一花上颜色不均，呈斑驳状，着花数少而小，严重时不着花	选择无病毒的鳞茎种植；加强对蚜虫、叶蝉的防治；发现病株及时拔除并销毁
仙客来灰霉病	染病处有水渍状直径1~2毫米的小斑，后逐渐扩大，呈褐色腐烂。叶柄或花柄部位染病时，叶片或花朵倒折，病处有灰色霉层，后变为土黄色霉层。一般多因湿度过高且通风差发病	多通风，用1%等量式波尔多液每半个月喷施1次预防。发病后，及时摘除病叶，减少传染源，并喷施70%甲基托布津1 000~1 500倍液防治
仙客来软腐病	多发生在仙客来叶柄和球茎上，初期呈现水浸状软化，叶绿减退，出现白色或暗灰绿色病斑，扩展后病组织软腐、膨胀、破裂、表皮脱落，有臭味。球茎感染后，会变黑、软腐，呈糊状	用4 000~5 000倍液的链霉素或土霉素、青霉素液喷施或涂抹病株，或敌克松700倍液浇灌病根际土壤
仙客来根结线虫	根结线虫寄生根部，线虫分泌物的刺激，使根组织肥大增生，形成许多瘤状物，从而破坏根部正常功能，导致植株生长减弱，甚至死亡	可用1.8%阿维菌素乳油300~400倍液灌根，一般处理1~2次，就可杀死根结线虫

续表

病虫害名称	症状	防治方法
唐菖蒲球茎腐烂病	贮藏期经常发生。染病后，球茎表面会出现黄褐色稍有凹陷的病斑，四周出现黑色溃疡状，遇空气湿度大时，病斑迅速扩大，表面出现青绿色霉层，导致球茎萎缩干硬	挖球茎时要细心，避免球茎创伤。收获球茎后，最好先用冷水浸泡，再用酒精消毒后阴干贮藏，且使贮藏室通风、干燥，保持4~5℃低温
唐菖蒲叶枯病	多从下部叶片尖端开始发病，初为褪绿色黄斑，后期病斑干枯出现黑褐色霉层，7~9月发病较严重	栽种前剥掉球茎干枯鳞片，并用0.5%的高锰酸钾浸泡球茎15分钟，进行消毒处理。在植株病发初期，用1%等量式波尔多液，或50%代森锌1 000倍液，8~10天喷施1次
唐菖蒲蓟马	为害植株的叶、茎和花，使叶片变色，花冠上留下白灰色的点状食痕和产卵痕，导致花瓣卷缩	可用2.5%溴氰菊酯400倍液喷杀
唐菖蒲蛞蝓	俗称鼻涕虫，是一种分布广、食性杂的害虫，它的成虫和若虫多蚕食植株的嫩芽、叶片，爬经处常会留下银白色的痕迹	可用3%石灰水或100倍氨水喷施
郁金香基腐病	生长期种球受害后导致叶片发黄、萎蔫，根系少，鳞茎基部出现水渍状青灰色湿腐。腐烂组织有刺鼻酒糟味，干燥后病斑呈灰白色石灰质样。种球贮藏期主要表现为流胶，后呈黄褐色干腐	定期喷保护性杀菌剂大生600倍液，保护效果很好。若发现病株，可用甲基托布津和多菌灵600~800倍液交替喷施

续表

病虫害名称	症状	防治方法
郁金香褐斑病	受侵染的叶芽发育不良，呈畸形卷曲状，嫩芽受害后长起来的叶即变卷曲。花受害后，开始出现白色或浅黄褐色病斑，随即迅速枯落，或变为褐色而干枯，花梗上会出现环带状	栽种前去除病鳞茎，并将鳞茎放入2%福尔马林液中浸泡30分钟，晾干栽种，以减少残留病菌；一旦发现有呈该病症状的芽或花苞，立即除去，并喷施50%扑海因1000倍液，或50%速克灵可湿性粉剂2000倍液，或50%多菌灵可湿性粉剂1000倍液
郁金香病毒病	病毒病是郁金香种质退化的主要原因之一。为害郁金香的病毒有多种，我国常见的有花叶病毒和碎色病毒两种。花叶病毒使受害叶片出现黄色条纹或微粒状斑点，花瓣上产生深色斑点，严重时叶片腐烂；碎色病毒使感病叶片出现淡黄色或灰白色条纹或不规则斑点，有时形成花叶，花瓣上出现浅黄色或白色条纹或不规则斑点，在红色或紫色品种上产生碎色花	选用健康种球，及时防治蚜虫，减少病毒传播
郁金香根虱	在土中为害鳞茎，钻入表皮内吸食汁液，造成植株生长衰弱或易于腐烂或诱发病害	将带虫鳞茎放在稀薄石灰水中浸泡10分钟，取出后冲洗干净即可杀死根虱
大岩桐腐烂病	主要为害叶、茎和幼株。在叶片上产生水渍状暗褐色坏死斑。病害严重时，上部的茎歪曲和矮化	腐烂病以预防为主，上盆前对盆及培养土消毒，浇水时避免把水浇到植株上
大岩桐叶枯性线虫病	由线虫侵染所致，染病部位呈水浸状软化腐烂，病部逐渐上延，从叶基扩展到叶片，被害叶皱缩褐变而枯死。成熟植株从叶柄被害开始，逐渐扩大，不软化	上盆前对盆及培养土消毒；拔除被害株烧掉
大岩桐尺蠖	在生长期蚕食植株嫩芽	发现后人工捕捉即可

续表

病虫害名称	症状	防治方法
马蹄莲软腐病	感病植株首先在近地表的茎基部发生软腐，病害向上蔓延使叶片枯萎死亡，向下发展使根状茎黏滑软腐。花梗感病后，花变褐色，花梗很快腐折	挖根状茎时，彻底剔除严重感病的根状茎，或切除腐烂部分，换掉病株周围的土壤，以减少侵染源，控制病害发生；发病后，用72%农用链霉素可溶性粉剂1 000倍液灌根
马蹄莲叶斑病	染病初期，叶上病斑小，近圆形，灰白色，逐渐扩展联合成不规则大片烂斑，有时也侵害花和花梗	及时清除病残叶；发病后可用50%多菌灵可湿性粉剂800~1 000倍液喷雾，每半个月1次，一般连续喷3次
马蹄莲红蜘蛛	在叶背吸取叶片汁液，轻则叶片变红，如火烧，重则落叶	摘除有虫叶片，并集中处理；用40%三氯杀螨醇1 000倍液喷杀
香石竹叶斑病	主要侵染叶片，病害多从下部叶片开始。严重植株病部扭曲，病叶枯萎下垂倒挂于茎上，但不脱落。老叶发病多且重，新叶少，露地栽培发病多于温室	从发病初期开始，定期喷药；摘芽、切花后应立即喷洒杀菌剂予以保护。可用75%百菌清可湿性粉剂800~1 000倍液喷施。另外，多雨季节要注意排水，温室栽培要保持通风透光
香石竹枯萎病	整个生育期均可发病，导致植株枯萎，叶茎变色，呈稻草色。横切病茎，表现为褐色环纹。在高温季节发展极为迅速，为害严重	用58%苯来特1 000倍液处理土壤，或用50%克菌丹可湿性粉剂，或50%多菌灵500倍液在种植前浇灌土壤。生长期应及时清除病株，予以销毁；注意排水防涝，尽可能避免损伤香石竹的根系，以减少病菌侵入途径
香石竹病毒病	常引起植株生长衰弱、花朵变小、花瓣出现杂色、花苞开裂等症状，降低观赏价值	发现病株应及时清除并销毁；可喷3.95%病毒必克可湿性粉剂600~800倍液，或7.5%克毒灵水剂800倍液

续表

病虫害名称	症状	防治方法
香石竹蓟马	主要为害叶、花。若虫、成虫吸取植物汁液，造成被害幼叶卷褶，老叶产生灰白色斑点，花受害后花瓣褐色，枯死	发现蓟马，可用2.8%毕芬宁乳剂1 000倍液喷杀
香石竹蚜虫	多在嫩叶处为害。以刺吸式口器刺入植物组织内吸食汁液，致使植株生长缓慢，叶片卷曲畸形，花蕾被害后不能正常发育。蚜虫又是多种香石竹病毒病的携带者和传播者	用20%杀灭菊酯5 000倍液或80%敌敌畏1 500~2 000倍液喷杀
香石竹红蜘蛛	主要是二斑叶螨和朱砂叶螨，以为害叶片为主。多在植株叶片的正反两面取食，严重时也为害花蕾。被红蜘蛛为害的叶片呈青铜色，植物萎蔫。此外，红蜘蛛为害的叶片表面常有螨所吐的丝网	用20%螨死净2 500倍液喷杀
月季黑斑病	主要侵害叶片、叶柄和嫩梢，叶片初发病时，正面出现紫褐色至褐色小点，扩大后多为圆形或不定形的黑褐色病斑	可喷施多菌灵、甲基托布津、达可宁等药物
月季白粉病	侵害嫩叶，两面出现白色粉状物，早期病状不明显，白粉层出现3~5天后，叶片呈水渍状，渐失绿变黄，严重时则造成叶片脱落	发病期喷施多菌灵、三唑酮即可
月季蚜虫	主要为月季管蚜、桃蚜等，它们刺吸植株幼嫩器官的汁液，为害嫩茎、幼叶、花蕾等，严重影响植株的生长和开花	及时用10%吡虫啉可湿性粉剂2 000倍液喷杀
月季蔷薇三节叶蜂	多在幼虫期，以数十条或百余条群集为害，短时间内可将植株的嫩叶吃光，仅剩下几条主叶脉，严重危害植株的正常生长	少量时可以人工捕杀。大量出现，可用75%辛硫磷乳油4 000倍液喷杀

续表

病虫害名称	症状	防治方法
梅花白粉病	萌芽时，嫩芽和新叶易受病菌侵染，受害部位会出现很薄的白粉层，接着白粉层上出现针头大小的黑色或黄色颗粒，后期叶片变黄而枯死	发病期每10天喷洒多菌灵500~600倍液，或托布津600倍液，可以防治。还可以于早春时节对梅树喷施5波美度石硫合剂
梅花缩叶病	病叶面皱缩变厚,呈肉质化，表面粗糙向叶背卷曲，病叶初黄色或红色至紫红色，后渐变为灰白色,散有粉末状物，严重的病树衰弱,病梢干枯,花量减少	可喷洒托布津或多菌灵防治，亦可喷洒1%波尔多液，每隔1周喷1次，3~4次即可治愈
梅花炭疽病	叶片及枝条嫩梢均可发病。叶片上病斑初期为褐色圆形至椭圆形小斑；以后病斑扩大，变为灰色至灰白色，中间有轮纹状排列的小黑点，病斑边缘紫红色；病斑后期中间易碎，严重时病叶提早脱落	病发初期可喷70%托布津1 000倍液或喷代森锌600倍液防治
梅花梅毛虫	此虫的幼虫常在小枝上吐丝，做灰白色天幕状巢，食害梅花新芽、嫩叶，长大后分散在全株，蚕食叶片，严重时树叶可被全部吃光	可在该虫幼龄时喷洒50%杀螟松1 000倍液灭除
梅花蚜虫	主要为害嫩茎及嫩叶，成丛密集，吸食植物营养。受害部位常出现黏液，使叶片变色，皱缩反卷、枯萎，严重时可造成整个植株死亡	可喷40%氧化乐果1 000倍液，也可用80%敌敌畏乳油2 000倍溶液喷杀，喷洒2~3次即可
梅花介壳虫	常在初春开始活动，吸取植株汁液。受害病株叶片发黄枯萎、脱落。同时，介壳虫排泄的糖液，还能诱发其他病害，影响植株生长和孕蕾开花	可采取人工刮除和药物喷治并用。药物可用80%敌敌畏乳油剂1 500倍液喷洒，也可用60%乐果可湿性粉剂1 200倍液喷洒。
蜡梅叶斑病、枯枝病	叶斑病：为害叶片和嫩枝。叶片上初为黑色小点，扩展成近圆形至不规则形病斑，病斑中央灰白色，着生小黑点，边缘褐色至暗褐色，与健康组织界线明显 枯枝病：受害枝条坏死，叶片由绿色变为淡黄色，从顶部向下逐渐干枯脱落，最后整个枝梢干枯死亡	可用65%代森锌可湿性粉剂600倍液喷洒。常见的虫害有介壳虫和白粉虱

续表

病虫害名称	症状	防治方法
蜡梅介壳虫、白粉虱	成、若虫群集叶背，吸食汁液，造成叶片褪绿变黄，严重时可造成落叶	可用40%氧化乐果乳油1 500倍液喷杀
牡丹叶斑病	也称红斑病，病菌主要侵染叶片，也侵染新枝。发病初期一般在花后15天左右，7月中旬随温度的升高日趋严重。初期叶背面有谷粒大小褐色斑点，边缘色略深，形成外浓中淡、不规则的圆心环纹枯斑，相互融连，以致叶片枯焦凋落。叶柄受害产生墨绿色绒毛层；茎、柄部染病产生隆起的病斑	11月上旬（立冬）前后，将落叶扫净，集中烧掉，以消灭病原菌；发病前（5月）喷洒1∶1∶160倍的波尔多液，10~15天喷1次，直至7月底；发病初期，喷洒500~800倍液甲基托布津、多菌灵，7~10天喷1次，连续喷3~4次
牡丹紫纹羽病	发病在根颈处及根部，以根颈处较为多见。受害处有紫色或白色棉絮状菌丝，初呈黄褐色，后为黑褐色，俗称“黑疙瘩头”。轻则形成点片状斑块，不生新根，枝条枯细，叶片发黄，鳞芽瘪小；重则整个根颈和根系腐烂，植株死亡。此病多在6~8月高温多雨季节发生，9月以后，随气温的降低和雨水的减少，病斑停止蔓延	雨季及时中耕，降低土壤湿度；分栽时用五氯硝基苯500倍药液涂于患处再栽植，也可用5%代森铵1 000倍液浇其根部；受害病株周围用石灰或硫黄消毒
山茶炭疽病	常于6~7月发生在当年生枝条的叶片上，病斑多自叶尖或叶缘开始。初发时，在基部叶片边缘出现水渍状绿褐色病斑，后扩大成不规则大斑纹状排列的一层小黑点蔓延全叶，最后引起叶片脱落	用70%甲基硫菌灵可湿性粉剂1 000~1 500倍液喷治效果较好
山茶根结线虫	为害山茶的根部，使根部变为深褐色，根瘤腐烂破裂。主根肿大，新须根不生，地面植株停止生长，逐渐导致整株死亡	发现病害后立即用消过毒的培养土为盆土，进行换盆

续表

病虫害名称	症状	防治方法
山茶 煤烟病	可使枝叶都受害，叶片上则更为明显，患病初期，病部出现煤烟状小霉斑，随后逐渐扩大，相互连接成片，使植株大部被煤烟状霉层覆盖。病菌寄生后不仅吸收植株养分，且严重影响光合作用和呼吸，使植株大量落叶	可用50%硫菌灵可湿性粉剂500倍液喷雾，7~10天喷1次，喷3次
山茶 茶梢蛾	主要为害山茶嫩叶，受害嫩梢中空而枯死。易折断	可用Bt乳剂500倍液防治
贴梗海棠 褐斑病	病斑近圆形或多角形，暗褐色。病重时，叶片上密生病斑，相互汇合，使整树受害。湿度大时，病斑上会长出绒状黑色小点	发病时喷洒50%多菌灵可湿性粉剂800~1 000倍液，每隔1周喷1次，连续喷2~3次
贴梗海棠 锈病	可使叶片、叶柄、嫩枝受害，4月上中旬到5月上旬，叶片正面产生黄色小斑点，以后扩大成圆形黄色病斑，后期变成黑色。叶背相应处则逐渐增厚并产生一些灰白色毛状物，8~9月产生黄色、褐色粉末状物。严重时，叶片畸形，凹凸不平，整株叶片受害	在贴梗海棠发病期，喷50%退菌特可湿性粉剂800倍液，或1∶2∶200波尔多液，半个月喷1次。贴梗海棠应避免与桧柏、龙柏等转主寄主同植一处，以防锈病
石榴 干腐病	该病主要为害果实，也侵染枝干，幼果感病一般在萼筒周围出现豆粒大小的浅褐色病斑，后逐渐扩展，直到整个果实腐烂。7~9月果实贴叶下面易发生病斑，成果发病后失水变为褐色僵果。枝干被害，树皮颜色变深褐色干枯，其上密集小黑点，病斑交界处往往裂开，病皮翘起，以致剥离，病枝衰弱，叶变黄，上部很快枯死	加强栽培管理，提高树体抗病能力；注意保护树体，防止受冻或受伤；刮除枝干病斑并将病斑深埋，涂药（如福美砷）保护；药剂防治，早春喷3~5波美度石硫合剂，5~8月喷1∶1∶160波尔多液，15~20天喷1次，效果较好

续表

病虫害名称	症状	防治方法
石榴 褐斑病	叶片感病后初为黑褐色小斑点，扩展后近圆形，病斑边缘黑色至黑褐色，微凸，中间灰褐色；叶背面与正面的症状相同，果实上的病斑近圆形或不规则形，黑色微凹，亦有灰色绒状小粒点，果实着色后病斑外缘呈淡黄白色	加强栽培管理，合理修剪，增强树势；药剂防治，用140倍等量式波尔多液或80%超微多菌灵0.125%~0.17%溶液，于发病初期喷药1次，防效可达80%以上，若连喷3次效果更佳
石榴 桃蛀螟	此虫每年发生2~3代，食性较杂，发生期长，第一、二代幼虫为害石榴最重。卵主要产在石榴萼筒中，初孵幼虫多在萼筒内或双果、贴叶处蛀食或钻入果内。幼虫有转主为害特性，幼虫老熟后多在被害果内或果间及树皮缝中结茧，在茧内化蛹	早春刮树皮，堵树洞。用药泥堵萼筒，用90%敌百虫1克加土10克及水1 000克和成药泥，团成泥团堵塞萼筒，可有效防治幼虫的为害，有效期为70~80天。成虫发生期喷50%杀螟松乳剂的0.1%药液，施药后5天杀虫率在90%以上。在第一代卵和幼虫孵化期喷50%辛硫磷或90%敌百虫0.1%溶液1~2次，效果较好
桂花 褐斑病	发生初期在叶上出现一些小黄斑，散生，逐渐变为黄褐色至灰褐色的近圆形斑，或受叶脉限制而呈不规则形斑，直径为2~3毫米，没有明显边缘。外缘有一黄色晕圈。在叶片正面产生大量细小的灰黑色霉点。病斑可相互会合成大斑，导致叶片枯死	发病期间喷1∶2∶200波尔多液，或用50%苯来特可湿性粉剂1 000~1 500倍液，或用50%退菌特可湿性粉剂1 000倍液，或65%代森锌可湿性粉剂800倍液防治
桂花 叶斑病	该病菌多从叶缘或叶尖侵入，病斑最初为淡黄绿色，后逐渐扩大，呈灰褐色至灰色，形状不规则或近圆形，边缘明显。后期病斑上产生许多黑色小点，即病菌的分生孢子器。树冠下部受害常比顶部重，老叶发病比新叶严重	冬季摘除病叶，并加以烧埋，减少越冬病源。天气干燥时应适当浇水，以加强树势和提高抗病力

续表

病虫害名称	症状	防治方法
九里香白粉病	常在叶面、叶背上布满白色粉状物，使叶片失绿、黄化、脱落，在新梢抽生期发生为害严重。雨水多，湿度大时，特别容易发病，并迅速蔓延	家庭盆栽九里香，可对叶面喷洒25~30倍干燥纯净草木灰浸出液，或0.1%高锰酸钾水溶液，或0.5%小苏打水溶液，或25~30倍干八角浸出液，或0.1%石灰水澄清液，进行防治
九里香蚜虫	为害幼嫩枝叶，并引起煤污病	用40%乐果800~1 500倍液喷杀，或用50%灭蚜松1 000~1 500倍液，或10%杀灭菊酯3 000倍液喷洒
九里香红蜘蛛	为害植物叶片，使其失去光泽，落叶和枯梢	可喷洒0.5波美度石硫合剂或20%三氯杀螨砜600~800倍液与0.5波美度石硫合剂混用，或40%乐果2 000~3 000倍液喷杀
含笑叶枯病	多发生于叶缘，病斑直径为10~20毫米，灰白色，边缘暗褐色，其上密生许多黑色小粒点。病情严重时，叶片枯死下落	注意通风透光，使植株生长健壮；清除病叶，集中烧毁，杜绝侵染源；发现病株，及时喷施50%甲基托布津可湿性粉剂800~1 000倍液
含笑缺铁黄叶症	在枝梢顶端幼嫩叶片首先发生失绿，叶肉变黄色或淡黄色，叶脉仍为绿色，随着病情发展，全叶均可变黄直至黄白色，此时叶片边缘变灰褐色至叶片坏死;植株生长衰弱，日趋严重，最终死亡	适当补充可溶性铁，可以治疗病症树
扶桑叶斑病、炭疽病、煤污病	叶斑病：发病初期，感病叶片产生长圆形或不规则的斑点。病斑暗灰色，边缘暗红色，稍隆起。病部与健部交界处明显 炭疽病：初在叶片表面产生黄白色、暗红色或褐色水渍状小点，逐渐扩展成圆形至近圆形或不规则形病斑，直径2~15mm，病健交界明显	可用70%甲基托布津可湿性粉剂1 000倍液喷洒
扶桑蚜虫、红蜘蛛、刺蛾	参见梅花症状	可用10%除虫精乳油2 000倍液喷杀

续表

病虫害名称	症状	防治方法
三角花叶斑病	初为黄褐色，周围有黄绿色晕圈，后扩展成近圆形或不规则的病斑，边缘暗褐色，到了后期，病斑上出现黑色小点粒	用65%代森锌可湿性粉剂600倍液喷洒
三角花刺蛾、介壳虫	参见梅花症状	用2.5%敌杀死乳油5 000倍液喷杀
茉莉白绢病	感病植株变褐腐烂，病部皮层易脱落，表面产生白色绢丝状菌丝。后期，病部生出油菜子状的菌核。病原菌在土中或病残体上以菌核或菌丝体越冬。每年5~6月和8~9月雨水多时，易发生再侵染	及时清除病株残体，集中销毁，加强管理，严格检疫，杜绝病源。病初，用70%五氯硝基苯药土对周围土壤进行消毒，或喷施1%波尔多液或0.3%波美度石硫合剂。发病较重时，喷75%百菌清可湿性粉剂800～1 000倍液，或65%代森锌可湿性粉剂800倍液
茉莉炭疽病	病初在叶面产生浅绿色至黄色小斑点，逐渐扩大成灰褐色或灰白色圆形或近圆形斑，后期病斑上散生黑色小点。病原菌以分生孢子盘和菌丝体在被害叶片上越冬。一般夏秋间病害较重	加强栽培管理，发现病叶及时摘除并销毁。病初喷2~3次70%乐克600~800倍液，7~10天施1次。家庭中也可用0.1%升汞水或紫药水涂抹。发病较重时，喷50%托布津或75%百菌清可湿性粉剂800~1 000倍液，或50%多菌灵可湿性粉剂1 000倍液，65%代森锌可湿性粉剂500倍液
夜来香煤污病、轮纹病	参见山茶症状	可用50%甲基托布津可湿性粉剂500倍液喷洒
夜来香介壳虫、白粉虱	参见梅花症状	用50%杀螟松乳油1 000倍液喷杀
南洋杉炭疽病	叶上先产生褐色小斑点，后扩大蔓延，造成局部枝叶变褐枯死	及时清除病残体，烧毁或深埋。发病初期喷洒50%多菌灵可湿性粉剂700倍液或40%石硫合剂600倍液，隔7~10天喷1次，连续喷3~4次
南洋杉介壳虫	参见梅花症状	可用40%氧化乐果乳油1 000~1 500倍液

续表

病虫害名称	症状	防治方法
罗汉松叶斑病、炭疽病	参见桂花症状	用50%甲基托布津可湿性粉剂500倍液喷洒
罗汉松介壳虫、红蜘蛛和大蓑蛾	参见梅花症状	可用40%氧化乐果乳油1 500倍液喷杀
红枫叶枯病	初发病时，叶尖及叶片上部的叶缘产生水渍状褪绿小斑点，此后随着病情发展，病部出现枯焦状，并逐渐向叶片下部和内部扩展，叶片上半部枯死。病部与健部交界处呈赤褐色，中为深赤色，最后整个叶片的3/4枯死，仅叶片基部呈绿色，枯死的部分叶尖卷曲，呈灰白色，全株叶片似火烧	病初尚未蔓延时先剪去病叶，减少再侵染源，再用50%多菌灵可湿性粉剂500倍液或65%代森锌、福美锌可湿性粉剂1 000倍液或45%代森锌可湿性粉剂800倍液，每10~15天交替喷雾1次，连喷2~3次
米兰蚜虫、红蜘蛛、介壳虫	参见梅花症状	可以使用常用农药稀释后喷洒，可以收到较好防治效果
金橘柑橘凤蝶	以幼虫取食叶片,造成缺刻或大小不同的孔洞，3龄以后食量大增，可将叶片全部吃光，仅留下叶柄和中脉，苗木、幼树受害较重，影响枝梢正常生长	幼虫期喷50%杀螟松乳油1 000倍液或80%敌敌畏乳油1 000倍液，在枝干外捕杀虫蛹
金橘溃疡病	叶片受害后，最先在叶背出现圆形、针头大、黄色油渍状微突起的斑点，稍后，叶片正背面均隆起成为圆形或近圆形、米黄色海绵状病斑，周围有黄色晕环，后来，病部隆起更显著，木栓化，灰白色或灰褐色，中心凹陷，呈火山口状。病部与晕环之间，常有褐色釉光边缘。随叶片老化，黄色晕环消失。病斑直径一般为3～5mm，有时病斑相连，呈不规则形大病斑	合理施肥，防止新叶生长过快，增强抗病能力；药物防治：用硫酸铜0.25千克，生石灰0.5千克，兑水50千克配成波尔多液喷雾，或用50%代森铵600倍喷雾，或用退菌特600倍液喷雾，或用50%医用链霉素80万单位喷雾
杜鹃黑斑病	是杜鹃常见的多发叶斑病害。发病后叶片形成黑斑，渐渐干枯脱落直至植株死亡。该病主要为害杜鹃的叶子，是由杜鹃尾孢真菌侵染受害，叶片开始出现若干个褐色小点，随着小点的不断扩大，病斑相互连接成片，产生灰褐色霉菌丝，受害叶片从叶柄部开始，由绿变褐黄色提早脱落，严重时影响杜鹃的生长发育和观赏价值	花后及时喷洒70%甲基托布津可湿性粉剂800倍液或50%多菌灵可湿性粉剂300倍液。另外可以定期喷洒药剂预防，可用保护性杀菌剂及杀菌剂混合施用，或用1∶1∶150波尔多液每周1次，连续喷2周；进入雨季每10天喷1次1∶1∶100波尔多液，连续喷施3~4次

续表

病虫害名称	症状	防治方法
杜鹃红蜘蛛	1年发生多代，成虫在植株根部越冬，主要在叶背面近叶柄部的主脉附近为害，逢6~7月高温、少雨、干旱天气繁殖快，发生数量较多，为害严重时，被害叶焦枯脱落	人工防治，4月以后经常检查，发现个别叶片有红蜘蛛时，可及时摘除虫叶烧掉。有条件的可人工释放天敌如瓢虫、草蛉、蓟马等，进行生物防治。若发现较多叶片有红蜘蛛时，可进行药剂防治，如喷洒40%三氯杀螨醇800~1 000倍液，对成虫、若虫、幼虫和卵均有较强的杀伤力，只要喷洒均匀效果良好
六月雪蚜虫	聚集于叶背和嫩梢，吸食汁液	可用40%氧化乐果乳油1 500倍液喷雾杀灭
一品红灰霉病	主要发生在冬季，此时正值一品红开花季节，为害一品红花序、苞片、叶片、枝条。一般均由花絮开始出现水浸状病斑。之后病斑处覆盖一层病原菌分生孢子，病原菌继续传至苞片。苞片初期产生水浸状褪色斑点，以后逐渐扩大成不规则形，病原菌再扩展至枝条，在枝条上产生黄褐色至褐色病斑，后期病斑明显向下凹陷呈黑褐色，严重时病斑处呈干枯状，完全失去观赏价值	可使用一些广谱性杀菌剂如百菌清、多菌灵等，也可使用68%金雷水分散粒剂，约隔10天喷一次，喷2~3次即可
常春藤炭疽病、叶斑病	炭疽病：受害严重时叶片呈灰白色 细菌叶斑病：初在叶面上生很小圆形暗色病斑,有油渍状晕圈	深秋或早春清除枯枝落叶并及时剪除病枝、病叶并烧毁；发病前喷洒65%代森锌600倍液保护；合理施肥与浇水，注意通风透光；发病初期喷洒50%多菌灵或50%托布津可湿性粉剂500~600倍液，或75%百菌清可湿性粉剂600~800倍液。锈病：除可采用上述1~3项方法外，发病后喷洒97%敌锈钠可湿性粉剂250~300倍液（加0.1%洗衣粉），或25%粉锈宁可湿性粉剂1 500~2 500倍液
常春藤卷叶螟、介壳虫、红蜘蛛	卷叶螟：受害叶被幼虫吐丝缀连呈饺子状或筒状，受害枝梢呈“秃梢” 介壳虫、红蜘蛛为害症状同梅花	参见扶桑防治方法

续表

病虫害名称	症状	防治方法
棕竹叶斑病	病斑自叶尖开始，由上向下做楔形扩展，呈灰褐色至灰白色，斑面有云纹。斑边缘深褐色，病、健部界线明晰。严重时叶过半甚至全叶坏死干枯	在发病初期喷50%扑海因可湿性粉剂800倍液，或75%百菌清可湿性粉剂500倍液，或50%多菌灵可湿性粉剂500倍液，7~10天喷1次，连续喷2~3次
棕竹介壳虫	若虫和雌成虫聚集在叶背主脉附近，用口器吸吮叶和枝的汁液，受害叶片正面变黄	用棉球蘸酒精或食醋（米醋）轻轻擦拭受害的茎、叶，即可将介壳虫擦掉杀死；也可用30%乙酰甲胺磷乳油800~1 000倍液，或40%氧化乐果乳油1 000倍液喷杀
散尾葵叶枯病	叶片染病处呈褐色斑点或条状斑块，后斑点或斑块逐渐扩大并相互连接，后期叶片呈现灰白状干枯	在发病初期喷70%甲基托布津800倍液，或75%百菌清可湿性粉剂500倍液，或50%多菌灵可湿性粉剂500倍液，7~10天喷1次，连续喷2~3次
散尾葵介壳虫	参见棕竹症状	参见棕竹防治方法
袖珍椰子介壳虫	参见棕竹症状	参见棕竹防治方法
蒲葵叶枯病	从叶尖或叶缘侵入，初为黄色小点，以后迅速向内扩展为不规则形大斑，病部褪绿黄化，褐色干枯	在发病初期喷施75%百菌清可湿性粉剂500倍液，或70%甲基托布津可湿性粉剂1 000倍液防治
蒲葵介壳虫	通风不良时容易受介壳虫为害	同棕竹
苏铁斑点病	叶片受侵染后起初是淡褐色的小斑，然后蔓延为近圆形或不规则形，病斑中央为暗褐色至灰白色，边缘红褐色，病斑上生黑色小点，由于病斑间连接，便形成一段斑，造成叶片枯死、破碎	发病初期喷75%百菌清可湿性粉剂600倍液，或50%甲基托布津可湿性粉剂800~1 000倍液，7~10天喷1次，连续喷2~3次
苏铁叶枯病	小叶被侵染后，出现成段枯死，或叶全部枯死	发病初期喷70%甲基托布津1 000倍液，或50%多菌灵500倍液等杀菌剂7~10天喷1次，连续喷2~3次
苏铁介壳虫	参见棕竹症状	参见棕竹防治方法

续表

病虫害名称	症状	防治方法
吊兰灰霉病、炭疽病、白粉病	吊兰病害较少，但在通风不良，光照不足、湿度过大时可能发生灰霉病、炭疽病、白粉病等病害。常为害叶片、嫩枝和花，被害部位产生暗绿色、褐色、紫褐色病斑	发病时可用50%多菌灵可湿性粉剂800倍液，或80%代森锌500倍液，或75%百菌清可湿性粉剂500倍液交替喷施
吊兰介壳虫	参见棕竹症状	参见棕竹防治方法
文竹枝枯病	枝枯病为害文竹枝条，导致小枝脱落，严重时全株枯萎而死。	发病时可喷50%退菌特可湿性粉剂，或70%百菌清可湿性粉剂，或50%多菌灵可湿性粉剂1 000倍液进行防治
文竹介壳虫	附着在茎、叶上，呈褐色或白色似虫卵样的东西	参见棕竹防治方法
文竹蚜虫	聚集在新生的嫩芽上吸取汁液	可喷洒 40%氧化乐果乳油1 000 倍液防治
天门冬介壳虫	参见棕竹症状	参见棕竹防治方法
蓬莱松白粉虱、介壳虫	聚集在针叶或枝干上吸取汁液	用40%氧化乐果乳油1 000～2 000倍液或50%杀螟松乳油1 000倍液喷杀
橡皮树炭疽病	主要为害叶片。叶片染病后叶脉两侧出现圆形或椭圆形灰色斑点，在严重时病斑连成一片，扩展至全叶	平时注意通风透光；早春新梢生长后，喷1%等量式波尔多液，6~9月每半个月喷1次1%波尔多液或0.3波美度石硫合剂；发病初期喷施50%甲基托布津、退菌特、百菌清或多菌灵等可湿性粉剂500~800倍液
橡皮树灰斑病	叶片初染病为小灰斑，扩大后成不规则形，内灰白色，边缘暗褐色，后病叶干裂，出现黑色粒状物，病菌多由伤口入侵	发病初期可喷50%多菌灵可湿性粉剂1 000倍液，或70%甲基托布津可湿性粉剂1 200倍液

续表

病虫害名称	症状	防治方法
铁线蕨叶枯病	受害植株嫩叶干枯，老叶发黄甚至变灰白色，严重影响植株生长和观赏效果	适当降低空气湿度，注意通风透光；在发病初期喷施50%多菌灵可湿性粉剂500~600倍液，每隔10天喷1次，连续喷2~3次
铁线蕨介壳虫	寄生于叶片边缘或叶背面，其幼虫期很短，行动缓慢，当移动到叶背时，即开始结壳，用刺吸式口器吮吸植物体内的汁液	5月下旬为介壳虫孵化盛期，此时可用50%马拉硫磷喷雾防治
鸟巢蕨炭疽病	在高温、高湿、通风不良的环境中，叶片易感染炭疽病，其病斑为褐色，后期轮纹明显	发病初期，可喷施75%百菌清可湿性粉剂600倍液，或70%的甲基托布津可湿性粉剂1 000倍液，每10天1次，连续喷3~4次
鸟巢蕨线虫	线虫为害可导致叶片出现褐色网状斑点	用1.8%阿维菌素乳油300~400倍液灌根，一般处理1~2次，可杀死线虫
肾蕨叶斑病	主要为害叶片，严重时造成叶片发黄脱落	可喷施65%代森锰锌可湿性粉剂600倍液
肾蕨红蜘蛛	主要为害叶片	可用1 000克水煮25克辣椒的水溶液喷施，简便有效；也可用40%三氯杀螨醇乳剂2 000倍液，或40%氧化乐果1 000倍液喷杀
肾蕨蚜虫	主要为害嫩梢和嫩叶	初发生时，可用肥皂水喷施；也可用5%吡虫啉乳油2 000~3 000倍液，或20%杀灭菊酯乳油5 000倍液，或80%敌敌畏乳油1 500~2 000倍液喷杀
发财树茎腐病	发病多从根或根茎部开始，向上蔓延，韧皮部软腐成水浸状，木质部变色	发病初期，可喷普力克、土菌灵、雷多米尔或疫霜灵防治；期间若发现有溃烂植株，应立即丢弃
发财树叶枯病	发病初期，叶边缘有褐色小斑点，逐渐向内扩展形成枯叶斑，与健康部位有明显的交界线。发病后期，病斑上密生很多小黑点	发现病叶及时摘除，并烧毁；喷施50%多菌灵可湿性粉剂800倍液，或70%百菌清可湿性粉剂800倍液，或75%甲基托布津可湿性粉剂1 500倍液防治

续表

病虫害名称	症状	防治方法
发财树蔗扁蛾	以幼虫钻蛀发财树皮层，诱发病害，使植株很快死亡	入冬时防治，可用好年冬1 000倍液浇灌茎部受害处，并用3%呋喃丹混入栽培基质中。每隔10天1次，连续2~3次，可将越冬的蔗扁蛾幼虫杀死。如果病株受伤严重，要及时烧毁
变叶木炭疽病	本病只为害变色木叶片。发病初期叶片上出现褐色小点，逐渐扩大为圆形或近圆形的褐色病斑；发病后期，病斑中央组织变为灰褐色，病斑干枯有碎裂现象，病斑上着生黑色小点粒	发病初期喷施80%代森锌可湿性粉剂800倍液，或75%百菌清可湿性粉剂800倍液，或50%多菌灵可湿性粉剂800倍液防治
变叶木介壳虫、红蜘蛛	变叶害室内栽培时，由于通风条件差，往往会发生介壳虫和红蜘蛛为害	用40%三氯杀螨醇乳剂2 000倍液，或73%克螨特乳油1 500倍液喷杀红蜘蛛；用棉球蘸酒精或食醋（米醋）轻轻擦拭受害的茎、叶，即可将介壳虫擦掉杀死；用30%乙酰甲胺磷乳油800~1 000倍液，或40%氧化乐果乳油1 000倍液喷杀介壳虫
鹅掌柴介壳虫	虱子一样附着在枝干和叶背吸取植物的汁液，被害植株不但生长不良，还会出现叶片泛黄、提早落叶等现象，严重的会使植株枯萎而死亡	用40%氧化乐果乳油1 000倍液喷杀
澳洲鸭脚木介壳虫	在高温多湿、通风不良条件下会发生	用40%氧化乐果乳油1 000倍液喷杀
八角金盘炭疽病	发病初期叶片出现水渍状暗色小斑点，以后扩大形成黄褐色病斑，病斑边缘暗黑色，有同心轮纹	发病初期，喷施80%代森锌可湿性粉剂800倍液，或75%百菌清可湿性粉剂800~1 000倍液，或50%多菌灵可湿性粉剂800倍液防治
八角金盘红蜘蛛、蚜虫或介壳虫	介壳虫在叶背及叶柄处刺吸汁液为害，受害株叶色泽浅，呈黄绿色	为害植株时，应及时摘除受害叶片或抹去蚜虫，严重时可用30%乙酰甲胺磷乳油800~1 000倍液，或40%氧化乐果乳油1 000倍液喷杀，为提高杀虫效果，药液里最好混入0.1%~0.2%的洗衣粉

续表

病虫害名称	症状	防治方法
绿萝炭疽病	叶片初病时出现半圆形至近圆形或不定形病斑，边缘深褐色，病斑中央黑褐色至灰白色，后期病斑上散生黑色小粒点	发现病叶及时剪除，改善通风透光条件，适当增施钾肥，提高抗病力；喷施80%炭疽福美可湿性粉剂800倍液，或50%使百克可湿性粉剂1 000倍液，或50%施保功可湿性粉剂1 500倍液防治，隔7~10天1次，连续喷3~4次
绿萝叶斑病	发病初期，叶片上常出现褐色的小斑点，逐渐扩大呈近圆形或不规则形褐色病斑，发病后期，病斑中央组织变为灰白色，斑缘为褐色，组织碎裂呈穿孔状，病斑上散生黑色小点粒	发病初期喷施25%炭特灵可湿性粉剂500倍液，或50%多菌灵可湿性粉剂800倍液，或70%甲基托布津可湿性粉剂800~1 000倍液防治，隔7~10天1次，连续喷3~4次
绿萝灰霉病	叶片染病多发生在叶缘或叶尖，初生水渍状斑，后扩展致病组织变成褐色至黑褐色。湿度大时，可长出灰色霉层	发病后及时喷施50%速克灵可湿性粉剂1 500倍液，或50%扑海因可湿性粉剂1 200倍液，或28%灰霉克可湿性粉剂500~800倍液
龟背竹叶斑病	主要为害叶，受害后叶片易枯焦脱落	发生后要及时喷50%扑海因可湿性粉剂800倍液，或65%代森锰锌可湿性粉剂600倍液防治
龟背竹灰斑病	多从叶边缘伤损处开始发病。低温、烟熏、受虫害后发病较重。受害后，病斑初为黑色斑点，扩大后呈椭圆形或不规则状，边缘黑褐色内灰褐色	发病时，喷70%甲基托布津1 000倍液，或65%代森锰锌可湿性粉剂600倍液防治
龟背竹介壳虫	室内栽培若通气不良，茎叶上易出现介壳虫	少量发生时，可采取人工捕捉，严重时，用40%氧化乐果乳油1000倍液喷杀
滴水观音炭疽病	叶片初病时出现半圆形至近圆形或不定形病斑，边缘深褐色，病斑中央黑褐色至灰白色，后期病斑上散生黑色小粒点	用75%的甲基托布津500倍液叶面喷雾，隔7天1次，连续喷2~3次
滴水观音叶斑病	发病初期，叶片上常出现褐色的小斑点，逐渐扩大呈近圆形或不规则形褐色病斑，发病后期，病斑中央组织变为灰白色，边缘为褐色，组织碎裂呈穿孔状，病斑上散生黑色小点粒	可用百菌清或多菌灵800倍液叶面喷雾，连续2~3次即可，每次隔7天
滴水观音红蜘蛛	通常在叶背主脉周围为害，受害叶正面最初可见失绿的小白点，逐渐变红，叶背面出现丝网，被害叶片最终会脱落	用40%三氯杀螨醇乳剂2 000倍液，或73%克螨特乳油1 500倍液喷杀

续表

病虫害名称	症状	防治方法
白鹤芋叶斑病	初期病斑暗褐色，后扩展成长椭圆形病斑，近叶缘表面病斑数量比近中脉处多。当大量病斑出现后，病斑转为灰白色	50%多菌灵1 000倍液喷洒防治
白鹤芋茎腐病	受害植株在靠土面的茎基部初生暗绿色斑点，扩大后呈棕褐色腐烂。早晨潮湿时在病斑处可见白色丝状物，受害严重的病株倒伏	发病期间加强管理，空气湿度大时少淋或不淋水，以保持盆中泥土湿润为宜，少施氮肥，多施磷、钾肥；喷施65%敌克松500~700倍液，或百菌清600~800倍液
白鹤芋红蜘蛛	环境干燥、通风不良，容易发生红蜘蛛	用800倍液氧化乐果喷洒防治
红掌叶斑病	在潮湿的环境中，叶片上会呈现无数黑色斑点，干燥条件下叶缘则表现为浅褐色斑点	预防用50%百菌清300倍液，防治用70%代森锰锌300倍液
红掌细菌性枯萎病	主要发生在叶和花上，病斑中间呈棕色，边缘呈黄色。叶部侵染通常开始于叶缘及叶片下部气孔较多的地方。侵染初期呈水渍状斑点，很快扩展到叶片大部分面积。有时整个植株都会感染，最终造成植株死亡	可选用72%硫酸链霉素4 000倍液与10%溃枯宁可湿性粉剂1 000倍液轮换使用，7~10天喷药1次
红掌蚜虫	蚜虫的口器能刺入组织，吸取植株营养，影响其生长，同时会传播病毒病	用10%吡虫啉2 000倍液喷杀
红掌红蜘蛛	叶片受害后呈现银白色斑点，受害的佛焰苞上常呈现棕色斑点	用1.8%阿维菌素乳油2 000倍液每隔7~10天喷1次，连喷2~3次，即可达到较好的防治效果
花叶万年青细菌性叶斑病	表现的症状一种是在叶的背面初期可见水渍状斑点，后期叶缘出现棕褐色斑点，还伴有黄色晕环。另一种是叶色暗淡，叶片发黄腐烂	可用72%硫酸链霉素可溶性粉剂4 000倍液与10%溃枯宁可湿性粉剂1 000倍液轮换使用，7~10天喷1次
花叶万年青茎腐病	受害植株在靠土面的茎基部初生暗绿色斑点，扩大后呈棕褐色腐烂。早晨潮湿时在病斑处可见白色丝状物，受害严重的病株倒伏	发病期加强管理，少施氮肥，多施磷、钾肥，增强植株抗性；喷施75%百菌清可湿性粉剂800倍液，或65%敌克松500~700倍液

续表

病虫害名称	症状	防治方法
广东万年青叶斑病	病斑初为褐色小斑，周边呈水浸状褪绿色，并呈轮纹状扩展，圆形至椭圆形，边缘褐色内灰白色，后期病斑中心出现黑褐色霉斑，潮湿条件下变成黑褐色霉层	发病初期喷施50%多菌灵可湿性粉剂1 000倍液，或60%代森锌可湿性粉剂800~900倍液
广东万年青炭疽病	病斑初期呈水浸状小黄斑，扩展后呈椭圆形至不规则状的褐色或黄褐色斑，稍显轮纹状，后期病斑连成一片呈干枯状，并产生轮纹排列的小黑点	加强养护，增施磷、钾肥；发病初期喷施60%代森锌800~900倍液，或70%托布津1 500倍液
广东万年青褐软蚧	一般群集在叶面或嫩叶上，刺吸植株液汁，同时排泄黏液，其排泄物易引起煤污病菌大量繁殖，使茎叶变黑，影响植株的光合作用，造成生长势弱，叶片枯黄。发生严重时，枝茎上布满虫体，造成植株枯黄，影响生长	可人工用竹片等物将虫体刮除即可；若虫孵化期可用40%乐果乳油1 000倍液，或40%氧化乐果乳油1 000倍液，或5%亚胺硫磷乳油1 000倍液喷杀
合果芋叶斑病	发病初期，叶片上常出现褐色的小斑点，逐渐扩大成近圆形或不规则形褐色病斑，发病后期，病斑中央组织变为灰白色，斑缘为褐色，组织碎裂呈穿孔状，病斑上散生黑色小点粒	发病初期喷施25%炭特灵可湿性粉剂500倍液，或50%多菌灵可湿性粉剂800倍液，或70%甲基托布津可湿性粉剂800~1 000倍液防治，每隔7~10天1次，连续3~4次
合果芋灰霉病	叶片染病多发生在叶缘或叶尖，初生水渍状斑，后扩展变成褐色至黑褐色。湿度大时，可长出灰色霉层	发病后及时喷施50%速克灵可湿性粉剂1 500倍液，或50%扑海因可湿性粉剂1200倍液，或28%灰霉克可湿性粉剂500~800倍液
朱蕉炭疽病	叶片初病时出现半圆形至近圆形或不定形病斑，边缘深褐色，病斑中央黑褐色至灰白色，后期病斑上散生黑色小粒点	发现病叶及时剪除，改善通风透光条件，适当增施钾肥，提高抗病力；喷施80%炭疽福美可湿性粉剂800倍液，或50%使百克可湿性粉剂1 000倍液，或50%施保功可湿性粉剂1 500倍液，每隔7~10天1次，连续3~4次

续表

病虫害名称	症状	防治方法
朱蕉介壳虫	主要为害叶柄、叶片	用30%乙酰甲胺磷乳油800~1 000倍液，或40%氧化乐果乳油1 000倍液喷杀
富贵竹叶斑病	染病叶片上有褐色斑点，边缘黄色；扩展后病斑近圆形，内灰色，边缘黑褐色，周围黄色，在潮湿条件下病斑上出现黑色粒状物	在发病初期喷50%扑海因可湿性粉剂800倍液，或75%百菌清可湿性粉剂1 000倍液，或50%多菌灵可湿性粉剂1 000倍液，7~10天喷1次，连续2~3次
富贵竹炭疽病	病害开始多发生在叶尖或叶缘，病部初期呈水渍状暗绿色不规则病斑，并逐渐向上部叶片蔓延扩大；中期为半圆形至不定形，边缘深褐色，分界明显；后期叶片病斑外缘具黄色晕圈，斑中部呈灰褐色或灰白色至黄褐色	发现病叶及时剪除，改善通风透光条件，适当增施钾肥，提高抗病力；喷施80%炭疽福美可湿性粉剂800倍液，或50%使百克可湿性粉剂1 000倍液，或50%施保功可湿性粉剂1 500倍液防治，每隔7~10天1次，连续3~4次
花叶竹芋介壳虫	参见朱蕉症状	参见朱蕉防治方法
孔雀竹芋叶斑病	发病初期在叶片边缘附近或叶片中央形成黄色小粒点，并且逐渐扩大，颜色加深，转为黄褐色，病斑外围有较明显的晕圈，随着病斑的扩展，叶片逐渐干枯、萎缩，以致脱落而死	喷施50%多菌灵600~800倍液，或75%百菌清600~800倍液，或50%代森锰锌500~600倍液，隔7~10天1次
孔雀竹芋介壳虫	参见朱蕉症状	参见朱蕉防治方法
西瓜皮椒草叶斑病	发病初期，叶片上常出现褐色的小斑点，逐渐扩大呈近圆形或不规则形褐色病斑，发病后期，病斑中央组织变为灰白色，斑缘为褐色，组织碎裂呈穿孔状，病斑上散生黑色小点粒	发病初期喷施50%多菌灵可湿性粉剂800倍液，或70%甲基托布津可湿性粉剂800~1 000倍液，每隔7~10天1次，连续3~4次

续表

病虫害名称	症状	防治方法
西瓜皮椒草介壳虫	寄生于幼嫩茎叶上，用刺吸式口器插入植物组织吸取汁液	参见朱蕉防治方法
蜘蛛兰叶斑病、叶焦病	在高温潮湿时，叶片和叶基部易发生	发现少量时，摘除病叶销毁。发生严重时，用75%代森锰锌可湿性粉剂500倍液喷雾防治
仙人掌菜青虫、蝗虫	蚕食幼茎，为害后有缺刻	可用25%溴氢菊酯2 000倍液喷雾
仙人掌红蜘蛛	以成、幼、若虫刺吸叶片汁液，为害严重时，叶面呈现密集细小的灰黄色斑点或斑块	应以防御为主，栽培环境应适当通风，但要保持一定的湿度，避免闷热和干燥。常用药物有40%氧化乐果1 000~1 500倍液、40%三氯杀螨醇1 000倍液等。在高温干燥季节每隔7~10天喷杀1次，越冬前要彻底喷杀
金琥红蜘蛛	夏季由于湿、热、通风不良等因素，易受为害，附着在针刺间	可用40%乐果或90%敌百虫1 000~1 500倍液喷雾防治，发现介壳虫、粉虱等为害时，可进行人工抹杀
令箭荷花茎腐病、褐斑病	参见石斛兰症状	可用50%多菌灵可湿性粉剂1 000倍液喷洒
令箭荷花根结线虫	被害株地上部生长矮小、缓慢、叶色异常，干瘪发黄，根上很多小疙瘩	用80%二溴氯丙烷乳油1 000倍液浇灌防治
令箭荷花蚜虫、介壳虫、红蜘蛛	通风差时易发生	可用50%杀螟松乳油1 000倍液喷杀

续表

病虫害名称	症状	防治方法
昙花 龟蜡蚧	雄虫体淡红色，雌虫外被蜡壳	可以喷施专杀药剂，如杀扑磷、毒死蜱、蚧必死等。也可用洗衣粉500倍液喷施，然后于12小时后用清水冲洗干净，以免影响昙花呼吸，最好用软抹布擦拭干净，杀灭效果更好
蟹爪兰炭疽病、腐烂病、叶枯病、	为害叶状茎，特别在高温高湿情况下，发病特别严重	发生严重的植株应拔除集中烧毁。病害发生初期，用50%多菌灵可湿性粉剂500倍液，每10天喷洒1次，共喷3次
蟹爪兰 介壳虫	在冬季通风不良的环境中最易发生，在茎状叶上出现白色突起斑点	介壳虫为害严重时，叶状茎表面布满白色介壳，使植株生长衰弱，被害部呈黄白色。如被害植株较轻，可用竹片刮除，严重时用25%亚胺硫磷乳油800倍液喷杀
仙人指 介壳虫	介壳虫为害叶、蕾，严重时引起煤污病	常用农药：25%亚胺硫磷800~1 000倍液、50%马拉松乳剂1 000倍液、40%氧化乐果乳油1200倍液、40%速扑杀1 000倍液。人工可用牙签剔除
仙人指 蚜虫	蚜虫为害嫩叶及花蕾	常用农药：40%乐果乳剂1 000倍液、敌敌畏700~800倍液
仙人指 腐烂病	腐烂病主要是由于盆土排水通气不良、持续过度的潮湿，造成腐烂	盆土排水性一定要好，阴雨天气要在通风的室内栽养，定期喷50%多菌灵可湿性粉剂500倍液杀菌。如发现局部腐烂，应立即用消毒的利刀切去腐烂部分，伤口愈合前不能淋水
山影拳 锈病	茎干表层出现赤褐色、黑色、棕色和黄疱状锈斑。锈病发病初期在茎表皮发生肿状小点，中央呈黄色或赤褐色，以后慢慢向周围扩大，好似茎片上锈迹斑斑	可用50%萎锈灵可湿性粉剂2 000倍液抹擦

续表

病虫害名称	症状	防治方法
山影拳红蜘蛛、介壳虫	参见仙人掌症状	可用机油乳剂50倍液喷杀
芦荟炭疽病、褐斑病、叶枯病、白绢病、细菌性软腐病	炭疽病：主要为害叶片，茎部也可受害。多发生于老龄及有伤口的叶片上，可导致叶片折弯、干缩 褐斑病：发生在叶片上，初期为墨绿色水渍状小点，不易引起注意；以后逐渐扩展成圆形或不规则的病斑，病斑中央有凹陷，呈红褐色至灰褐色 叶枯病：多从叶尖或叶缘产生褐色小斑点，后扩展为半圆形干枯，病斑皱缩，中央灰褐色，边缘具水渍状暗褐色的环带，后期病斑上生小黑点排列呈同心轮纹状 白绢病：主要为害根茎、芽和叶片。初叶片失绿变黄，萎蔫倒折，芽心腐烂，造成植株长势减弱。拔出病株可见根部有白色菌丝密布并散发出蘑菇气味 细菌性软腐病：主要为害近地面的肉质茎基部或上部茎节，产生黄绿色至黄褐色水渍状斑块，造成病部软腐或湿腐	在病害未发生前，或已发病的植株去除带病部位后，将0.5~0.8波美度石灰等量式波尔多液（每100千克水加硫酸铜和石灰各0.5~0.8千克）施于芦荟叶面，可有效预防、抑制病菌侵入和蔓延。病害发生后，用内吸传导的治疗剂如托布津、瑞毒霉等以及抗生素如农用链霉素、春雷霉素、井冈霉素等直接施用，杀死芦荟体内的病原菌，控制病害蔓延
条纹十二卷根腐病、褐斑病	由于浇水、施肥不当造成根腐病，幼苗、成株的根部初现水渍状病变，后呈褐色腐烂 褐斑病似芦荟褐斑病	可用65%代森锌可湿性粉剂1 500倍液喷洒
条纹十二卷白粉虱、介壳虫	白粉虱：白色成虫和若虫吸食茎叶汁液，被害叶片褪绿、变黄、萎蔫，甚至全株枯死	用40%氧化乐果乳油1 000倍液喷杀

续表

病虫害名称	症状	防治方法
石莲花虫害介壳虫	介壳虫吸食汁液影响生长，严重时叶片脱落，并诱发煤污病	受害植株不多时，可用竹片刮掉或毛刷刷掉成虫，或用镊子将虫体夹出杀死，但勿损伤叶面。也可结合修剪将虫多的部分剪掉烧毁。在夏季高温、高湿季节，加强通风，控制浇水，降低空气湿度，保持适当干燥。在初孵若虫期用清水或中性洗衣粉70~100倍液进行冲洗灭虫，喷洒40%氧化乐果乳油1 000倍液，或蚧螨灵80~100倍液，每隔7天喷1次，连续喷洒2~3次
落地生根灰霉病、白粉病	灰霉病：发病呈灰白色，水渍状，组织软化至腐烂，高湿时表面生有灰霉 白粉病：茎干上有圆形或椭圆形病斑，表面生有白色粉状霉层	可用70%甲基托布津可湿性粉剂1 000倍液喷洒
落地生根介壳虫、蚜虫	通风不良时发生，附生在茎干上	用40%乐果乳油1 000倍液喷杀
虎刺梅茎枯病、腐烂病	高温多湿天气如果茎部出现伤口易染此病。茎部糜烂，全株腐烂	用50%克菌丹800倍液，每半个月喷洒1次
虎刺梅粉虱、介壳虫	粉虱：成若虫刺吸茎叶汁液，被害叶出现失绿黄白斑点，随为害的加重斑点扩展成片，进而全叶苍白	用50%杀螟松乳油1 500倍液喷杀
光棍树介壳虫	参见蟹爪兰症状	参见蟹爪兰防治方法
虎尾兰叶斑病	在通风不良或气温过高的情况下，易发生叶斑病。病斑油渍状软腐呈黄褐色，中间灰白色	发病初期可喷50%多菌灵或甲基托布津800倍液